JOSÉ MARÍA SORANDO MUZÁS

MATEMÁTICAS EN TU MUNDO

Usos cotidianos, sorpresas y disparates

GUADALMAZÁN

Primera edición: julio de 2018

Editorial Guadalmazán • Colección Matemáticas
Director editorial: Antonio Cuesta
Editor: Óscar Córdoba
www.editorialguadalmazan.com
pedidos@editorialalmuzara.com - info@editorialalmuzara.com

Síguenos en @AlmuzaraLibros

Imprime: CPI Black Print

I.S.B.N: 978-84-94778-63-6
Depósito Legal: CO-1160-2018
Hecho e impreso en España - *Made and printed in Spain.*

A la memoria de Josefina y José
María, que tanto esperaban.

Prólogo

MATEMÁTICAS EN TU MUNDO

El caballero andante ha de saber las matemáticas
pues a cada paso se le ofrecerá tener necesidad de ellas.
El ingenioso hidalgo Don Quijote de la Mancha *(18, II)*
Miguel de Cervantes

Las matemáticas están en todas partes. Necesitamos tener una «mirada matemática», para comprender este complicado mundo en que vivimos y, cual modernos caballeros andantes, afrontar sin temor los retos o problemas que cada situación nos plantea. Sin embargo, muchas personas creen que las matemáticas son cosa de la escuela y que están tan solo en unos libros que no han vuelto ni volverán a abrir. Por eso me pareció conveniente reunir evidencias y casos curiosos de esa presencia matemática por doquier.

En 2004 abrí en Internet el sitio «Matemáticas en tu mundo» (matematicasentumundo.es) que, desde entonces hasta hoy, ha ido acumulando una importante cantidad de textos, fotografías, noticias y videos. Su alcance comenzó en el círculo de mis estudiantes y ha llegado a ser mucho mayor. Bastantes personas de habla española, a un lado y otro del océano, han aprovechado de alguna forma ese sitio y lo han enriquecido con sus aportaciones. Ahora, parte de su contenido ha sido reunido y adaptado en este libro. Comenzaremos en un bar y terminaremos en un cementerio... pero no por los excesos cometidos. Es la anécdota que deja constancia de que, efectivamente, las matemáticas están en todas partes. No se trata de un texto matemático y por ello en él casi no hay formalismos ni ecuaciones, tan solo algunos cálculos. Es una mirada al mundo, una mirada curiosa, matemática y amable.

Si la realidad está repleta de claves matemáticas, esa mirada comprensiva es necesaria para poder valorar la riqueza de significados y las oportunidades de todo tipo que ofrece, pero también los peligros y sus riesgos. En palabras del profesor Juan Luis Vázquez[1]: «Hay que conocer los números, aunque solo sea para defenderse».

A través de esa mirada, identificaremos cuántos términos matemáticos se utilizan en el lenguaje coloquial. Conoceremos las matemáticas que nos esperan en la barra de un bar. Descubriremos pautas de comportamiento animal cuya eficacia explican las matemáticas. Revisaremos usos y abusos con números y gráficas en los medios de comunicación y en la publicidad. Apreciaremos reglas y excepciones geométricas en la arquitectura. Observaremos cómo el concepto matemático de giro es utilizado, mejor o peor, en distintos ámbitos. Conoceremos la base matemática de algunos gestos técnicos comunes en el deporte. Sabremos de la importancia del orden de los elementos en muchas operaciones, de la excepcionalidad de que estas sean conmutativas y de los líos a que lleva ignorarlo. Pensaremos en la influencia de los criterios numéricos en las clasificaciones y en las estrategias deportivas. Compararemos cuestas y pendientes, su atractivo y su riesgo. Reflexionaremos sobre nuestros números cotidianos, pero también sobre lo infinito. Pasearemos en clave matemática por las calles de las ciudades.

---

1 ABC 29-08-2006.

Iremos de rebajas. Juzgaremos las ofertas y esquivaremos engaños. Veremos la confusión social que reina al adoptar denominaciones geométricas tan aparentemente simples como la de «cubo». Valoraremos con probabilidades algunos caprichos del azar. Revisaremos los usos sociales de las fracciones. Conoceremos la geometría que hay detrás de los balones y las matemáticas que pudieron malograr el gol más célebre de la historia del fútbol español. Sabremos del complicado camino que llevó hasta nuestro Sistema Métrico Decimal, así como de algunos usos del mismo y confusiones que oscilan entre lo cómico y lo trágico. Descubriremos que también en los tribunales de justicia se aplican criterios matemáticos. Responderemos a cuestiones que se han planteado en las ciudades, con soluciones geométricas especiales donde no importan las medidas. Aplicaremos la mirada crítica al discurso de ciertos políticos que hacen un mal uso de las matemáticas, sea por incompetencia o por interés. Revisaremos cómo se han resuelto nuevos problemas que surgen con la creciente urbanización del mundo. Y, por último, visitaremos un virtual cementerio matemático. Forzosamente, muchas otras presencias de las matemáticas en la realidad quedan fuera de este libro. Las encontramos una y otra vez, aquí y allá: En la literatura, en los objetos cotidianos, en las marcas comerciales, en los juegos, en el arte... hay desde vinos hasta tatuajes y grafiti matemáticos.

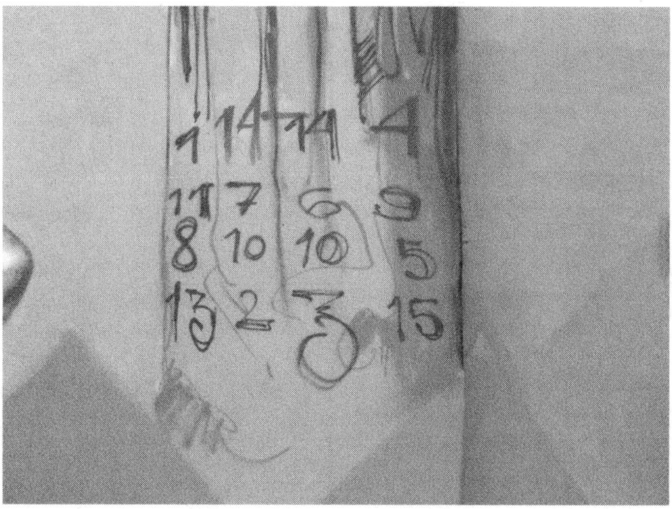

Cuadrado mágico[2] en un grafiti.

Ojalá que, a través de esa especial mirada, algunos lectores, aún recelosos de las «temidas matemáticas», descubran lo que declaraba en una entrevista la profesora Clara Grima: «A todo el mundo le gustan las matemáticas, pero algunos aún no lo saben»[3].

2 Un *cuadrado mágico* puro contiene todos los naturales desde 1 hasta n^2. Este repite el 10 y el 14, omitiendo el 11 y el 12. También lo vemos en la catedral de la Sagrada Familia en Barcelona (José María Subirachs en la Fachada de la Pasión). Sus filas, columnas y diagonales suman 33, años que vivió Cristo.

3 Tercer Milenio. *Heraldo de Aragón* 27-01-2017.

En cierta ocasión, un estudiante de ingeniería agobiado por la dificultad de la asignatura de Matemática Discreta[4] me confesaba: «A ver cuándo llega la Matemática extravagante». No pudo ver cumplido su deseo, no existe tal asignatura. Pero sí que, al mirar el mundo con las claves que dan las matemáticas, se detectan abundantes usos extravagantes de sus conceptos. Se incurre en esos disparates por desconocimiento unas veces y otras por pretender con lenguaje matemático dar carácter científico a lo que no lo tiene. Las siguientes páginas recogen bastantes de esos usos, en ocasiones jocosos. Reír o llorar con ellos depende de cada cual.

Por la localización de muchas de las fotos es fácil deducir cuál es la ciudad del autor. No se debe a que esta sea especialmente rica en elementos matemáticos, sino a una evidente razón de proximidad. En cualquier lugar, bajo una u otra forma, se puede apreciar esa presencia. Este libro es una invitación a que también tú, lectora o lector, mires alrededor y descubras las matemáticas en tu mundo.

---

4 La *matemática discreta* es un área de las matemáticas que estudia los conjuntos discretos, finitos o infinitos numerables (por ejemplo, los números naturales y los números enteros lo son), en oposición a las matemáticas continuas, donde se estudian conjuntos infinitos de otro tipo (los números reales, por ejemplo).

Reloj de 24 horas y sentido de giro inverso al habitual. Catedral de Florencia.

Doy las gracias a los amigos y compañeros que compartieron conmigo hallazgos, fotos o referencias que he traído a este libro: Ángel M. Díaz Solaz, Miquel Capó Dolz, Antonio Casero Martínez, Vicente Mediavilla Seguí, Fernando de la Cueva Landa, Juan Emilio García Jiménez, Pila García Agra, Francisco Martín Casalderrey, Carlos Moreno Borrallo, Eusebio Rodríguez Briega, Gerard Romo, Daniel Sierra Ruiz, Manuel Simón Montesa, Daniel Sorando Ortín y Florencio Villarroya Bullido. Gracias también a Rafael Guerras Gutiérrez por su asesoría jurídica en el capítulo 19. Y gracias, de manera muy especial, a Ángel Requena Fraile por su atenta lectura del original y sus observaciones, tan acertadas.

Salvo que se indique otra cosa, las fotografías son obra de José María Sorando.

Capítulo 1

«ESTE LIBRO NO ES PARA MÍ»[5]

«No sé por qué me lo han regalado. ¿Un libro de matemáticas? ¿Es que están de *moda*? Yo no soy alguien *cuadriculado.* Soy una persona en *la media, recto* en mis principios y con gustos *normales.*

No elijo a mi *círculo* de amistades en *función* de su dinero, sino de otros *factores.* Procuro no ser *negativo* y buscar *soluciones reales* a los problemas, analizándolos desde todos los *ángulos* y buscando el *común denominador* de las distintas posturas para conseguir su *convergencia,* sin salirme por la *tangente* ni llegar al *límite.* Soy un poco orgulloso, algunos dicen que más chulo que un *ocho,* pero, la verdad, no creo ser el *número uno.* Es una *constante* en mi vida.

Con mi pareja mantengo una relación *simétrica,* en *igualdad* de derechos y obligaciones. Llevamos vidas *paralelas.* Me entrego a ella al *cien por cien* y no soportaría un *triángulo* amoroso. En tal caso, con paciencia *infinita,* daría una *segunda* oportunidad, pero si no conseguíamos dar un *giro de 180 grados* a la relación, antes que ser un *cero a la izquierda* y entrar en una *espiral* de reproches, me alejaría, me iría al *quinto* pino.

Me enoja la *desigualdad* social, aunque sé que tiene una *solución compleja.* Hay *división* de opiniones: ¿se debería *multipli-*

5 Texto imaginado de un lector bastante real.

car los recursos o repartirlos mejor? ¿En qué *porcentajes*? ¿Cuál es la *solución óptima*? Para mí es una *incógnita.*

Me gusta el fútbol, ver a mi equipo por la *parabólica* con *cuatro* amigos y tomarnos *unos tercios* de cerveza a *mitad* de partido. Disfruto con el «juego bonito» de *combinaciones, triangulando* con el *esférico* sobre el *rectángulo* de juego. Rechazo el juego duro, aquello no debe ser un *cuadrilátero* de boxeo. El domingo perdimos por *enésima* vez. Esta temporada la *probabilidad* de que no descendamos es casi *nula, infinitesimal.* Mantenernos en la categoría está siendo la *cuadratura del círculo.* La *magnitud* del problema es tal que habrá que echar el *resto.* El cambio de entrenador no ha supuesto el *punto de inflexión* esperado, han intervenido otras *variables.* Por ejemplo, los *errores* en defensa crecieron *exponencialmente.* Pero quiero ser *positivo.* A la vista de los *números,* todavía no estamos *matemáticamente* descendidos.

¿Un libro de matemáticas? La vida es más sencilla. No sé por qué me lo han regalado. Este libro no es para mí» [1].

Capítulo 2

MATEMÁTICAS EN EL BAR

En España hay muchos bares, pero no creo que sean tantos como a veces dicen las noticias:

ABC.es AGENCIAS

ACTUALIDAD OPINIÓN DEPORTES CULTURA ESTILO TV MULTIMEDIA BLOGS SALUD ARCHIVO

Noticias agencias

En La Rioja hay una media de 142 bares por persona, según un estudio

21-05-2013 / 15:11 h EFE

En La Rioja hay una media de 142 bares por habitante, lo que la convierte en la comunidad autónoma con mayor cantidad de este tipo de establecimientos, según un estudio presentado hoy por Coca-Cola.

Por comunidades
Andalucía
Aragón

ABC.es 21/05/2013.

La Sexta. Noticias de 11/12/2016.

Es de suponer que en ambos casos no se dividió bares entre personas sino personas entre bares. Al cociente le falta la propiedad conmutativa. Volveremos sobre esa propiedad y los líos que su aplicación inadecuada provoca.

¿Por qué hay tantos bares? Porque nos gustan las tapas y las cañitas. Bien vendrá entonces que nos fijemos en las ofertas. Estas dos son prometedoras:

Entonces, si cada tapa cuesta 0,50 céntimos, por 1 céntimo podremos tomar 2 tapas y por 1 euro, 200 tapas. Sí que es una buena oferta…

Veamos qué hay con las cañas:

Con esta segunda oferta me quedo confuso: Si es cierto que te dan un «50% más», pagar 1,70 € es pagar la cerveza más cara que sin oferta (0,99 + 50% de 0,99 = 1,49 €). Pero es que, además, ser «doble» no es precisamente tener «un 50% más» sino un 100% más.

Hay más ejemplos de la peculiar aritmética cervecera. Se leía en la pizarra de otro bar:

> Oferta: 1 quinto, 1 €; 1 cubo con 6 quintos, 6 €. Ahorro: 5 viajes a la barra.

Y en un pub inglés:

> Consiga una pinta de cerveza por el precio de dos y le daremos la segunda totalmente gratis.

Si después del copioso aperitivo a base de tapas aún nos quedan ganas de comer, elijamos entre los dos restaurantes más cercanos. En uno se ofrece una parrillada de carnes; y en el otro, un variado menú del día. Tras la experiencia anterior, analizaremos con cuidado lo que cada uno ofrece.

Esta oferta se ve muy lógica: 1 persona, 15 €; 2 personas, 30 €. Si la pizarra hubiera sido más grande, supongo que hubieran seguido: 3 personas, 45 €; 4 personas, 60 €; 5 personas, 75 €; etc. La cuenta de las parrilladas se rige por la tabla del 15. En tal caso, ¿no bastaría con dar el precio para 1 persona?

Pero si hay diversidad de gustos, es mejor tomar un menú del día con bastantes opciones:

¿Once menús a elegir? Vamos a ver: Si puedo elegir entre 11 primeros platos y entre 11 segundos, cada uno de estos puede ser elegido con cada uno de aquellos, lo cual da: 11 · 11 = 121 menús a elegir. Con los postres variados, cuyo número no conocemos, aún serían muchos más los menús posibles.

La publicidad engañosa casi siempre lo es porque ofrece más de lo que da. En este caso sucede lo contrario.

Visto lo visto, por si acaso, será mejor que revisemos la cuenta.

Capítulo 3

ANIMALES MATEMÁTICOS

Las especies animales presentan rasgos morfológicos y adoptan comportamientos que siguen ciertas pautas. Muchas veces se consiguen explicar mediante modelos matemáticos. ¿Significa eso que los animales saben matemáticas? No, pero mejor lo explicaremos después de repasar algunos casos.

La geometría de los huevos

Las aves ponen huevos con formas diferentes. Los del avestruz son esféricos, mientas que los del colibrí son elipsoides y los de la gallina tienen la forma que bien conocemos, precisamente llamada ovoide. Los profesores húngaros Zoltan Barta, de la Universidad de Debrecen, y Tomas Szekely, de la Universidad de Bath, publicaron en 1997 un artículo titulado *La forma óptima de los huevos de las aves* [2]. Estudiaron más de 30 especies y relacionaron la forma de los huevos con el número de ellos que cada hembra incuba de forma simultánea. Su conclusión fue que habían adquirido la capacidad de moldear sus huevos según el número de estos, consiguiendo optimizar la transferencia de calor en la incubación. Su teoría no se cumple de forma inexorable en todas las especies de aves, pero sí existe una fuerte correlación entre el número de huevos y su forma.

Una investigación más reciente ha sido publicada en la revista Science bajo el título *Morfología del huevo aviar: Forma, función y evolución* [3] por un equipo que dirige Mary Caswell Stoddard, de la Universidad de Princeton (EE.UU.). Estudiaron con herramientas informáticas la asimetría y la elipticidad[6] de 50.000 huevos de 1.400 especies. Su conclusión es que las aves que son mejores voladoras tienden a poner huevos más asimétricos o elípticos. Ello sería debido a la necesidad de compatibilizar el gran volumen del huevo, que es garantía de un polluelo sano, con la aerodinámica requerida por los hábitos de la especie. Poniendo huevos más puntiagudos y más elípticos, aumenta el volumen del huevo sin aumentar su ancho máximo. De esa forma se alteraría lo mínimo posible la cavidad abdominal de la hembra y, en consecuencia, su capacidad voladora, lo cual no sería necesario en el caso del avestruz, ave no voladora cuyos huevos son esféricos.

Una variable puede tener correlación con varias a la vez, así que esas dos teorías no necesariamente son contradictorias, pueden ser complementarias. En las dos, la geometría de los huevos de las aves es la opción que mejor resuelve una necesidad. Ambas comparten una idea matemática, la optimización.

Tela de araña

Observando una telaraña triangular que ha tejido la *Epeira de Diadema* nos maravillan varias cosas [4]. Aproximadamente durante 1 hora ha seguido un ritual muy preciso, produciendo 30 m de hilo de seda. Su tela contiene la espiral pegajosa donde quedarán atrapadas sus presas. La araña espera a que tal cosa ocurra acomodada en un lugar determinado, en el baricentro del triángulo.

El *baricentro* es el punto de corte de las medianas (rectas que unen cada vértice del triángulo con el punto medio del lado opuesto). Su elección es la más adecuada ya que el baricentro

6 La *elipticidad* o achatamiento es la medida de compresión de una esfera a lo largo de su diámetro para formar un elipsoide de revolución (cuerpo generado por el giro de 360° de una elipse en torno a su eje mayor). Se valora mediante el cociente $(a-b)/a$, donde a y b son las longitudes de los semiejes menor y mayor.

es el centro de gravedad de cualquier triángulo. Alojando allí su cuerpo y el de la presa capturada asegura el equilibrio de la estructura. Además, el baricentro es el punto óptimo para minimizar los recorridos que deberá realizar la araña para recoger a sus presas.

Colmenas y avisperos

Abejas y avispas construyen sus panales y sus nidos encajando celdas hexagonales regulares que cubren el plano. Maravilla la perfección que consiguen pero, en contra de lo que se podría suponer, esa no es una solución compleja sino la más sencilla y económica de las posibles.

Pensemos en el proceso de construcción como si de un programa informático se tratase. Bastaría con dos instrucciones en bucle; avanzar una distancia fija y girar, siempre hacia el mismo lado, un ángulo fijo... y vuelta a empezar. Con la distancia y el ángulo adecuados, después de varias repeticiones se regresa al punto de partida, habiendo construido un polígono regular. Construir polígonos irregulares sería más complicado, al tener que combinar distancias y ángulos diferentes.

Además, deben ser polígonos regulares que rellenen el plano, sin dejar huecos inútiles. De esa forma cada tabique construido es compartido por dos celdas contiguas. Es lo que en geometría se llama una *teselación* del plano. Las teselaciones posibles con polígonos regulares son tres: con triángulos equiláteros, con cuadrados (habitual en los embaldosados de las casas) y con hexágonos regulares.

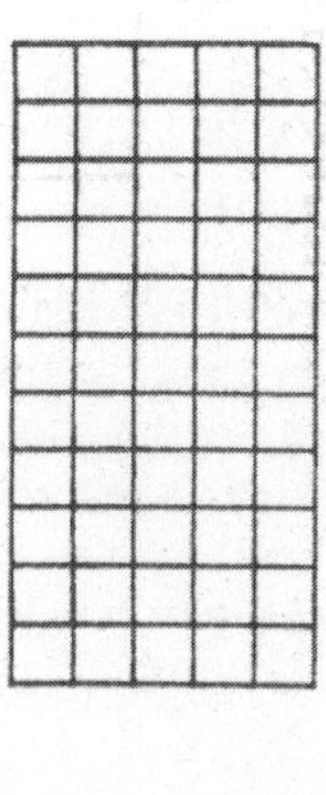

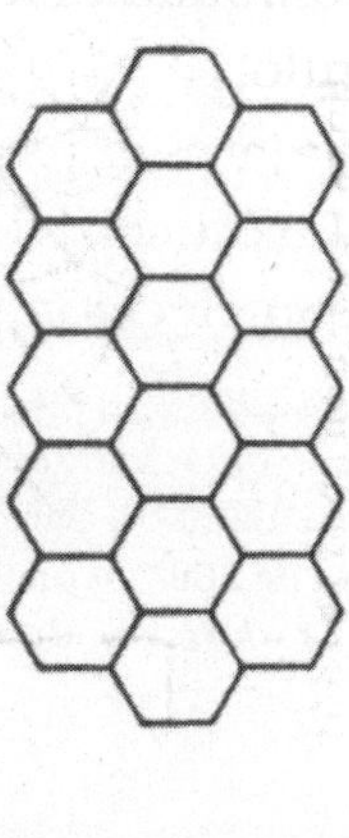

Solo hay esas tres opciones porque en esos tres polígonos regulares, y solo en esos, sus ángulos interiores son divisores de 360° (60° en el triángulo, 90° en el cuadrado y 120° en el hexágono). Es decir, juntando varios de ellos en un mismo vértice se llena un giro completo, sin dejar huecos: $6 \cdot 60° = 360°$; $4 \cdot 90° = 360°$; y $3 \cdot 120° = 360°$.

¿Por qué se ha adoptado la solución hexagonal? Porque es la óptima, la que resuelve el *problema isoperimétrico* que ya estudió Pappus de Alejandría (284-305): Para un mismo perímetro ofrece la mayor superficie interior de la celda y para una misma superficie interior ofrece el menor perímetro. De esa forma se aprovecha más el trabajo. La energía no puede ser derrochada. La supervivencia de la especie está en juego.

Probabilidades de comer y de no ser comido

Durante mucho tiempo los zoólogos pensaron que los animales buscaban comida siguiendo caminos aleatorios (llamados *movimientos brownianos*). En tal caso, harían desplazamientos de tamaño similar en cada dirección, como un borracho dando traspiés. Pero según Dave W. Sims [5], la anterior suposición es válida cuando la comida es abundante, pero cuando esta escasea los animales siguen los llamados *patrones de Lévy*, donde aquellos recorridos erráticos están interrumpidos por incursiones largas y poco frecuentes en cualquier dirección. Lo comprobó para 14 especies marinas, incluyendo el atún, el pez espada y los tiburones (aunque no el Gran Blanco). El equipo de Sims recogió más de 12 millones de datos sobre profundidad y posición, describiendo cómo los animales nadan en el océano, en unos 5.700 días. Su hipótesis es que los animales usan el movimiento de Lévy para aumentar su probabilidad de encontrar presas, El recorrido así descrito es de tipo fractal. Se ha comprobado que es el mismo que siguen los cazadores-recolectores de la tribu Hadza, en Tanzania, en sus jornadas de caza junto al Serengueti.

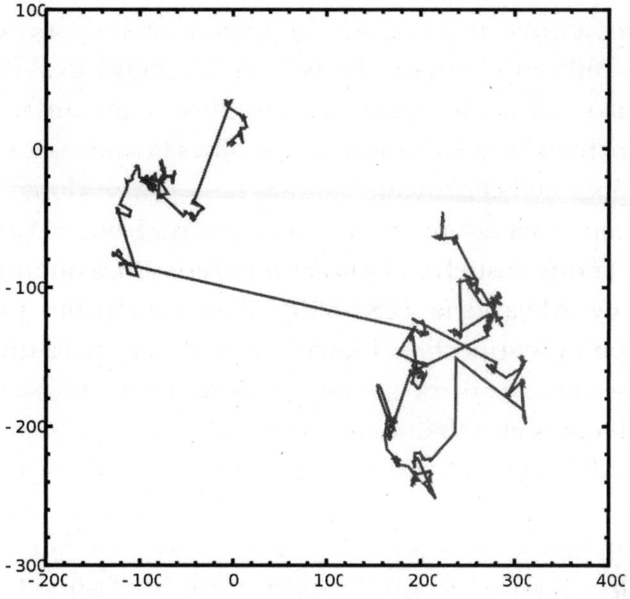

Movimiento de Lévy.

Por otra parte, se ha estudiado que los desplazamientos en grandes manadas de ñús en la sabana[7] o en grandes bancos de peces en el océano, así como la puesta masiva de huevos de hembras de tortuga golfita la misma noche en la misma playa[8], reducen la probabilidad de cada ejemplar de ser víctima de sus depredadores, quienes en aquel momento se enfrentan a un gran festín de comida disponible.

Las cigarras y sus primos

Las cigarras (en entomología, cicádidos) son insectos con un comportamiento peculiar. Algunas especies desaparecen de nuestra vista durante varios años y reaparecen masivamente

7 Cada año migra más de un millón de ñús desde Tanzania a Kenia, protagonizando uno de los mayores espectáculos del mundo animal.

8 Así sucede en la Playa de Ostional (Costa Rica). El turismo masivo lo ha puesto en peligro y se ha hecho necesaria la adopción de medidas protectoras.

para reproducirse, lo cual lleva a hablar de plagas. Pero no son tales, simplemente se trata de una reproducción sincronizada.

Las hembras ponen los huevos en las hojas de los árboles y esos huevos caen al suelo, enterrándose. Las ninfas (larvas) maduran bajo tierra durante años, alimentándose de la savia de las raíces de las plantas. Cuando han alcanzado la madurez reproductiva salen a la superficie. Pero no lo hacen de forma fraccionada, lo cual les haría vulnerables a los depredadores, sino de modo casi simultáneo (estrategia de protección en el grupo que, como acabamos de comentar, es común a otras especies animales). El tiempo transcurrido sigue en esas especies una pauta fija, razón por la cual se las llama cigarras periódicas. Según el entomólogo Charles Remimgton [6], la medición del tiempo se basa en una especie de reloj corporal basado en un mecanismo fotosensible y comprobó que, aunque cada ninfa madura a su ritmo, las más adelantadas pueden permanecer en los túneles de salida hasta un año esperando al momento de la salida colectiva. Cuando esta se produce, durante tres semanas se producen los apareamientos y la puesta de huevos. Los adultos mueren y el ciclo se reinicia.

El etólogo Richard Dawkins [7] estudió que el ciclo reproductivo de tres especies de cigarras periódicas se ajusta a periodos de 13 o 17 años, ambos números primos. Lo sorprendente es que cada una de esas tres especies tiene una raza de 13 años y otra de 17 años. ¿Por qué se da esa variedad para razas de una misma especie y esa coincidencia para especies distintas? (convergencia evolutiva la llama Dawkins).

En la época reproductiva las cigarras no solo son más vulnerables a sus depredadores, sino también a sus parásitos. Que sus plagas se produzcan siguiendo una pauta de números primos dificulta mucho a sus enemigos acompasar sus propios ciclos. Es una buena estrategia de defensa.

Por ejemplo, supongamos que las cigarras irrumpieran cada 6 años y otra especie enemiga lo hiciera cada 4 años. 4 y 6 no son números primos, tampoco primos entre si. Eso implica que, a partir de una primera coincidencia volverían a encontrarse en los años 12, 24, 36, etc. La pauta de coincidencias la da el mínimo común múltiplo de los dos ciclos: mcm (4, 6) = 12 años.

Con ciclos de 13 años, si la especie a evitar tuviera esos 4 años como periodo de irrupción, la coincidencia se produciría cada 52 años (mcm de 13 y 4).

Con ciclos de 17 años, ocurriría cada 68 años (mcm de 17 y 4).

El gran desastre para las cigarras sería la coincidencia de las plagas de sus dos razas simultáneamente con sus enemigos. Eso solo ocurrirá cada ¡884 años! (mcm de 13, 17 y 4). Pueden estar tranquilas.

Ellas los prefieren simétricos

Un hecho que pronto destaca en la observación de aves es su frecuente dimorfismo sexual. Macho y hembra son diferentes. Quien exhibe un plumaje y un colorido más vistoso suele ser el macho. El pavo real que despliega su fastuosa cola semicircular es el macho; el ánade real con un brillante cuello verdiazul es el macho; el mirlo de plumas azabache y pico de intenso amarillo es el macho; y se repite esa pauta en muchas otras especies de aves. Mientras, sus respectivas hembras visten un nada llamativo color pardo. Pero esa «coquetería masculina» no es algo exclusivo de las aves. En 1859 escribía Charles Darwin [8]:

> Por otra parte, admito gustoso que un gran número de animales machos, lo mismo que todas nuestras aves más vistosas, muchos peces, reptiles y mamíferos y una multitud de mariposas de colores espléndidos, se han vuelto hermosos por el deseo de hermosura; pero esto se ha efectuado por selección sexual, o sea, porque los machos más hermosos han sido continuamente preferidos por las hembras.

Esa hermosura en muchos casos se valora mediante un canon geométrico, la simetría.

En el proceso reproductivo, con pocas excepciones, las hembras hacen una mayor inversión que los machos. Su fecundidad es más limitada y las exigencias posteriores (gestación, incubación, cuidados) son mucho mayores. Un objetivo preside el proceso, la conservación de la estirpe. Mientras que para el macho el apareamiento con una pareja inadecuada se puede suplir con otros encuentros mejor seleccionados, para la hembra una mala elección conllevaría malgastar sus energías y pondría en riesgo su descendencia. Para ella es de la máxima importancia elegir un macho fértil y sano.

Las herramientas de seducción desplegadas por los machos son variadas: cornamentas y dentaduras; plumajes, dibujos y colores; danzas y rituales de cortejo; cantos y sonidos; regalos; destrezas, como la construcción de nidos; etc. La simetría o asimetría es apreciable en todos los recursos visibles, pero lo es incluso en los de tipo sonoro (se ha estudiado cómo el ruido producido por la fricción de los élitros de los grillos machos más simétricos es preferido por sus hembras).

El propio cuerpo del macho será evaluado como más o menos simétrico. Esa *simetría* suele ser bilateral (respecto de un eje central, como en el cuerpo humano), pero también la hay radial (como en las estrellas de mar) y traslacional (cuando un segmento corpóreo se repite mediante traslaciones, como en el ciempiés).

La preferencia de las hembras por los machos simétricos se debe a que esa cualidad se asocia con un mejor capital genético que trasmitir a sus crías. Así es, según han confirmado diversas investigaciones [9], por varias razones:

- La asimetría genera problemas de desplazamiento, haciendo a sus individuos presas más fáciles para los depredadores. La mosca de alas asimétricas vuela peor y es cazada preferentemente por las golondrinas, a las cuales les ocurre otro tanto con los gavilanes. La simetría facilita la carrera, el vuelo o el nado y es garantía de supervivencia.
- Se ha estudiado en insectos una correlación positiva entre asimetría y parasitismo, de modo que la simetría se asocia con salud y longevidad.

- También se ha estudiado correlación negativa entre asimetría y fecundidad. La simetría crea expectativas de continuidad de las siguientes generaciones.

En definitiva, para la hembra es más «rentable» «invertir» en un macho simétrico.

En los humanos, los instintos animales parecen haber sido superados por los desarrollos tecnológico y cultural. Y sin embargo, subsiste nuestra preferencia por la simetría, no ya en términos de economía de la especie, sino como canon de belleza. Artistas y actrices que son admirados por su belleza tienen cuerpos y rostros muy simétricos. En julio de 2017, el Centre For Advanced Facial Cosmetic and Plastic Surgery de Londres, sentenció que el actor George Clooney era el hombre más guapo del mundo. Para tal afirmación se basaron en la simetría de su rostro, valorada en un 91,86%. Los tres primeros clasificados en ese ranking son actores. Tras Clooney: Bradley Cooper, con un 91,80%, y Brad Pitt, con un 90,51%.

Muchos personajes públicos que son conscientes de su asimetría facial, guiados por asesores de imagen, se las ingenian para posar ante las cámaras del «lado bueno». Aunque racionales (unos más que otros) seguimos perteneciendo al reino animal.

Orden en el caos

… ellos son el Simurg y el Simurg es cada uno de ellos y todos ellos.

Manual de Zoología Fantástica. *Jorge Luis Borges*

Vuelan los estorninos al atardecer hacia sus dormideros. Son cientos o miles pero la inmensa bandada evoluciona como si de un único individuo se tratase. Sobre el cielo plomizo, dibujan una nube negra en continuo movimiento, trazando ondulaciones que harían presagiar unas colisiones que no se producen. El caótico conjunto parece responder a un orden y a un mando único. ¿Cómo son posibles tal acuerdo y precisión?

La ciencia no tiene una explicación completa del comportamiento animal colectivo exhibido por bandadas de pájaros, enjambres de insectos, manadas de mamíferos y bancos de peces. En 1987 Craig Reynolds [10] y [11] propuso un modelo matemático llamado *flocking* en el que no hay líderes y que sigue tres principios: alineación de rumbos, separación de vecinos y cohesión del grupo. En dicho modelo, los patrones colectivos surgen de interacciones locales entre los individuos de acuerdo con esos principios y la información se propaga a través de todo el grupo. El *flocking* ha sido aplicado en el cine para generar multitudes en movimiento. Por ejemplo, las bandadas de murciélagos en *Batman regresa* (Tim Burton. 1992) y las estampidas de antílopes en *El Rey León* (Disney. 1994).

Las investigaciones sobre el estornino común (*Sturnus vulgaris*), estudiando la bandada como un sistema dinámico lineal [12] parecen confirmar esos principios:

- Alineación de rumbos: Cada pájaro establece su dirección promediando las direcciones de los seis o siete vecinos más cercanos. Este número es independiente del tamaño total de la bandada y de su densidad. Es además el número óptimo de interacciones para mantener la cohesión del grupo con un coste sensorial y cognitivo mínimo para el individuo.

- Separación de vecinos: Cada estornino mantiene una separación mínima (llamémosla *a*) con cada uno de sus vecinos y, a la vez, no supera una separación máxima (llamémosla *b*). En lenguaje matemático podemos decir que la separación entre dos vecinos se mantiene en el intervalo $(a\ ,\ b)$. Parece ser que la estimación de dichas distancias se realiza en base al ruido producido (los estorninos son muy ruidosos) que informa a los demás de la posición propia.
- Cohesión del grupo: Dentro de esos márgenes, cada pájaro tiende a estar más cerca de los vecinos que tiene a sus lados en comparación con los que están enfrente o detrás. Asimismo, siempre tienden a seguir las siluetas oscuras de sus compañeros y evitan las zonas con claros por donde entra más luz.

La combinación de todo ello haría que los estorninos no se golpeen ni se molesten al volar en bandada, a pesar de sus rápidos movimientos y bruscos cambios de dirección.

Pero aunque los modelos matemáticos y computacionales son de gran utilidad como aproximaciones, actualmente no son capaces de explicar completamente estas curiosas y cambiantes formaciones. Ello da alas (muy propio en este caso) a sugestivas y poéticas especulaciones, como la que ve en algunas formaciones de las bandadas la forma de un estornino gigante, interpretado como un mecanismo de intimidación a sus enemigos o, en una interpretación todavía más arriesgada, como la constitución de un supraorganismo. Sin llegar tan lejos, tan solo constataremos que, si así fuera, estaríamos ante otro ejemplo natural de *autosemejanza* (propiedad de los fractales), donde el todo y sus partes comparten una misma forma.

Hemos visto que hay matemáticas en las formas y comportamientos de algunas especies animales. Volvamos a la pregunta del principio: ¿Significa eso que saben matemáticas?

Desde luego que las aves ponedoras no estudian volúmenes; las arañas no calculan centros de gravedad; las abejas no se plantean el problema isoperimétrico; cazadores y presas no calculan probabilidades; las cigarras no saben divisibilidad; el aprecio de las hembras por la simetría no requiere del trazado de ejes; y los estorninos no hacen estimaciones numéricas en intervalos ni promedios. Y sin embargo, aplican las conclusiones que obtendrían si hicieran racionalmente todo lo anterior. ¿Por qué? Porque a lo largo de muchas generaciones han prevalecido las soluciones más eficientes. Quienes resolvían mejor los objetivos de alimentación y procreación con el menor gasto energético lograban el éxito en la lucha por la vida y eran las suyas las características que se transmitían a la siguiente generación.

La selección de las especies es un grandioso experimento combinatorio donde la combinación óptima, la más eficiente, es la ganadora; su premio, la supervivencia en el tiempo. En palabras de Darwin [8]:

> Aquellos miembros de la población con características menos adaptadas (según lo determine su medio ambiente) morirán con mayor probabilidad. Entonces aquellos miembros con características mejor adaptadas sobrevivirán más probablemente.

Capítulo 4

LO QUE HAY QUE VER Y OÍR

Es fácil mentir con estadísticas. Es difícil decir la verdad sin ellas.
Andrejs Dunkels

MATEMÁTICAS EN LOS MEDIOS

Los medios de comunicación nos acompañan permanentemente. En un tiempo donde cada vez son más las personas que viven, no ya solas, sino aisladas, estas pueden llegar a conceder a esos medios la primacía en cuanto a credibilidad y como fuente de sus emociones. Se llega a confundir el relato orquestado con la realidad vivida, lo ajeno con lo propio, lo ficticio con lo real. Hay quien, sin atisbos de demencia, nombra a los presentadores de televisión por su nombre de pila, compra en la teletienda aparatos que nunca usará y se angustia con los avatares de los famosos. Con información, publicidad y entretenimiento se crea una realidad paralela que a veces llega a suplantar a la experiencia y a la realidad tangible.

Las matemáticas están muy presentes en el mundo real. También lo están en ese mundo de mensajes, reclamos y ficciones, aunque bastantes veces sea de forma disparatada. Iniciamos un paseo por los medios que, como en una feria, nos llevará de la Casa de la Risa a la Casa de los Horrores; matemáticos, claro está.

Cultivando prejuicios

Son tópicos recurrentes presentar las matemáticas como paradigma de la dificultad y reducirlas al cálculo. Por ejemplo:

- Cuando en 2008 Rafael Nadal alcanzó por vez primera el número 1 del Ranking ATP, Canal Plus, cadena de televisión que tenía los derechos de retransmisión del siguiente torneo, le dedicaba en prensa una página de homenaje-anuncio bajo el título «Llegar al número 1 no ha sido fácil». Tras la imagen victoriosa del tenista, se veían largos desarrollos matemáticos (¡qué mejor expresión de lo difícil!). Había algunos errores, pero, siendo matemáticas ¿quién les iba a prestar atención?
- En la misma línea, Bankinter promocionaba sus depósitos con largas ecuaciones sobre las que se podía leer: «Que sus ahorros crezcan es mucho más sencillo».
- Para anunciar el concurso *Mueve tu mente*, TVE (2008) mostraba una suma con más de 30 sumandos de 23 cifras cada uno. Se asociaba, de forma inexacta como tantas veces se hace, matemáticas con cálculo. Las cuentas las pueden realizar las máquinas; los problemas matemáticos solo a veces pueden ser resueltos mecánicamente y son el terreno donde de verdad se mueve la mente.
- En el reallity show *Colombia next top model* (Caracol Televisión 16-01-2017), una concursante declaraba que le gustaba estudiar y que su fuerte eran las matemáticas. Un miembro del jurado[9] le interrogó al respecto:

  Jurado: ¿Cuánto es 7 x 4?

  Concursante: Yo la tabla del 7 no me la sé. Me quedé en

9 A veces son los mismos jurados quienes muestran un torpe desempeño matemático. Ocurrió en el concurso *Despierta y gana* (La Sexta. Abril 2009). Se propuso la siguiente prueba, con un paréntesis innecesario: (42 – 8) + 3 – 7 + 20 x 6 – 11 + 29. El concursante respondió 168, resultado correcto que no fue aceptado por el jurado, para quienes lo acertado era 361 (a saber cómo lo obtuvieron).

la del 5 y de ahí para allá no pude más.

Tal vez esta muchacha alcance la fama que busca y otras la envidiarán por ello. Es posible esa clase de éxito social siendo una persona anumérica.

- El mexicano *Diario de Yucatán* (11-09-2017) titulaba seriamente: «El 95% de alumnos de primaria le tiene miedo a las matemáticas». En tono de humor, Disney Channel hacía publicidad de su Especial Halloween con el rostro aterrado de una niña bajo el rótulo «Vampiros, monstruos, brujas, profesores de matemáticas. Todo lo que te da miedo hoy en Disney Channel». En serio y en broma, los medios propagan los miedos matemáticos.

Estos mensajes forman una lluvia fina que cala en el subconsciente colectivo, creando disculpa para la incompetencia en matemáticas porque, al fin y al cabo, «¡son tan complicadas y tan temibles!». De esa forma, gran parte de la población queda inerme ante conclusiones, mensajes y ofertas que sacan beneficio de su rendición.

Tan difíciles parecen que hay quienes buscan ayuda sobrenatural para superarlas. Titulaba el diario venezolano *El Universal* (05-04-2007): «Niños piden en Vía Crucis pasar las Matemáticas». Por si acaso, anoten que el patrón de los matemáticos es San Huberto de Lieja (657-727), quien a la vez también lo es de los cazadores; coincidencia que confirmará los temores de aquellos afligidos niños penitentes.

En titulares

Abundan los errores matemáticos en los medios [13] [14]. Unas veces son interesados, otras son simple reflejo de una extendida incultura numérica y en ocasiones incurren en abusos de lenguaje. La lectura literal de algunos titulares produce sorpresas y algún sobresalto. Por ejemplo:

- «La prensa colombiana recalcó que las matemáticas son su única esperanza» en Radio Cooperativa, Chile (09-10-2005). Pensé que se decía que en Colombia se había tomado conciencia de la importancia de la educación matemática en la formación de los ciudadanos como individuos críticos y capaces de afrontar racionalmente las situaciones. Pronto salí de mi ingenuo error al seguir leyendo:

> El seleccionado de fútbol colombiano, que empató a un tanto como local con Chile, pende ahora de los demás, casi de un milagro más que del fútbol, para clasificar al mundial.

Los apuros clasificatorios de equipos y selecciones llevan con frecuencia a estos abusos de lenguaje. Por ejemplo: «El Granada se aferra a las matemáticas para desafiar a la lógica» en *Ideal* (13-05-2018). Si fuera cierto, el equipo granadino pasaría a la historia de la ciencia por haber abierto una crisis en sus fundamentos. ¡Las matemáticas desafiando a la lógica!

- La prensa dedicada al fútbol mantiene una peculiar relación con las matemáticas. El titular «Messi. Un sueldo escandaloso» en La Sexta (10-12-2016) parecía ofrecer una visión sensata del dinero que se mueve en los fichajes. Pero luego se decía: «El argentino pasará a duplicar su salario fijo, de los 22,8 millones de esta temporada a los 39,4 de la temporada que viene». Se equivocaron «solo» en 6,2 millones de euros. ¿Qué es eso cuando de semejantes números estamos hablando?
- «Gracias a Dios es el departamento con rendimiento más bajo en matemáticas» en HRN *La voz de Honduras* (12-05-2016). Me escandalicé sin fundamento. No es que den gracias al cielo por su retraso matemático. Gracias a Dios es el nombre de un departamento hondureño.
- «Por cada gordo de Navidad, 25 hemorroides» en *Público* (22-12-2014). Tal enunciado parecía una maldición bíblica que compensara la suerte de una persona con el silencioso

sufrimiento de 25. Pero se trataba de otra cosa, era la comparación de las probabilidades de uno y otro suceso; 25 veces mayor para el segundo que para el primero.

- «La construcción cae 40 veces desde el clímax de la burbuja» en *El País* Cataluña (05-01-2014). En el texto siguiente se lee que en 2013 se construyeron en Cataluña 3.200 viviendas frente a 127.000 construidas en 2006. Deberían haber dicho «se divide por 40». Porque si «caer 1 vez» significa «tener una bajada», partiendo desde 127.000 viviendas se podrían contabilizar hasta 127.000 caídas. Habría que aclarar cuál es el período de tiempo en que se contabiliza si ha habido caída o subida. Falta aclarar qué es lo que significa «caer una vez». Sin definiciones precisas no hay matemáticas.
- «España recibirá 2.100 euros más de la UE por el Fondo de Cohesión» en *Heraldo de Aragón* (11-11-2016). De ser así, el éxito de la negociación parece dudoso. Menos mal que, leyendo la noticia se aclara que son 2.100 millones. Total, ¡por una palabra!
- «Punto de inflexión» en *El País* (16-04-2006). ¿Un artículo sobre análisis de funciones. ¡Qué va! Debajo leemos: «El Madrid busca despegar hacia el segundo puesto en Getafe, donde se hundió el curso pasado». A cualquier cambio se llama en prensa punto de inflexión. Hay bastantes ejemplos de ello y no siempre se deben a los periodistas, como en el siguiente caso.
- «La economía mundial se acerca ya al punto de inflexión de la crisis» en *El Periódico de Aragón* (12-05-2009). En la noticia se decía:

> Entre ver el fondo de la caída y ver la recuperación hay aún un trecho. La economía mundial divisa ya ese punto de inflexión, aunque dista todavía de reemprender el crecimiento. El presidente del BCE, Jean-Claude Trichet, fue bastante explícito al afirmar ayer que la economía mundial está cerca del final de

la caída y la recesión se está desacelerando... estamos cerca del punto de inflexión en el ciclo.

O sea que era la máxima autoridad monetaria europea quien en este caso no andaba fina con las matemáticas. Alguien le debiera aclarar que el «fondo de la caída» y «comienzo de la recuperación» es un *mínimo* en el proceso (aquel punto donde se pasa del decrecimiento al crecimiento; punto M en la figura), no un *punto de inflexión* (aquel donde cambia la concavidad de la curva; punto P en la figura). También, que si la recesión se está desacelerando, eso significa que ha cambiado ya la concavidad de la curva decreciente (ahora baja más suavemente); es decir, que el punto de inflexión ya ha sido sobrepasado.

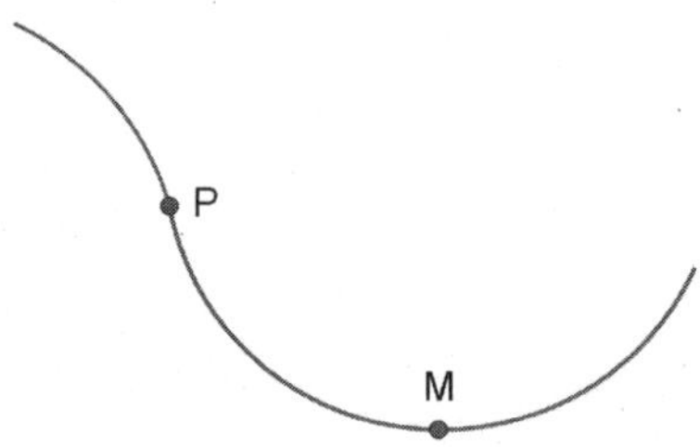

No hay que quedarse en los titulares. Es mejor leerlo todo.

Presentadores anuméricos

La incompetencia numérica de cualquier persona es una grave deficiencia que merece comprensión y ayuda. Pero cuando se trata de personajes públicos de éxito que conducen programas de televisión con una amplia audiencia, esa incompetencia se agrava por su responsabilidad social. Sus carencias y sus comentarios se amplifican y expanden. Hay múltiples ejemplos que, según cada espectador, producen risa, enfado o tristeza... o tal vez todo ello, secuencialmente. He aquí dos ejemplos. El primero proviene de la cadena de TV chilena Mega, a propósito de la recaudación acumulada en la campaña benéfica «Juntos por Chile» (tomado de ADNradio.cl 31-01-2017).

> Rótulo en pantalla: «Llevamos $ 710.358.000».
>
> Presentador: Llevamos setecientos diez... Setecientos diez mil trescientos cincuenta y ocho millones... Setecientos diez mil trescientos cincuenta y ocho, no... Eso es lo que llevamos recaudado hasta ahora, me están hablando por la oreja, por eso no logro poder contarles con detalle todo lo que llevamos. Son setecientos diez mil trescientos cincuenta y ocho mil pesos lo que llevamos. Setecientos diez mil trescientos cincuenta y ocho millones de pesos. ¡Vamos a deportes!

Sí, será mejor que vayan a deportes...

El segundo ejemplo es de la cadena española TeleCinco, a cargo de la presentadora de *Socialité*, un programa de los llamados «del corazón». Comentaba con su ayudante la diferencia de edades entre la actriz Pamela Anderson y su nuevo novio futbolista:

– Él tiene exactamente 31 años y Pamela tiene 49.

– O sea, que se llevan...

– Pues de 31 a... ¡Bueno, que cuenten en sus casas!

– Yo soy de letras puras...

¿Imaginan a un presentador de TV diciendo «No sé leer, porque soy de ciencias»?

En estos dos casos, afortunadamente hubo reacciones en las redes sociales y en prensa, dejando malparados a ambos presentadores. Aunque se publicó el siguiente titular en *La Vanguardia* (27-06-2017): «¿Sabrías resolver la ecuación que bloqueó en directo a María Patiño?». Muy mal están las cosas cuando un periódico tenido por serio considera que una simple resta es álgebra.

Metafórica divisibilidad

La divisibilidad es un terreno en el que a veces se mueven las metáforas periodísticas, aunque sin la precisión que sus conceptos requieren. Algunos de ellos son utilizados para calificar a ciertos personajes públicos:

- «Donald Trump, el arrogante divisor en jefe» en Univisión (23-01-2017).
- «El juez ve al "expresident" como el factor común de la organización criminal del clan» en *El Periódico* (27-04-2017).

Y también se usan para elaborar arriesgadas analogías:

- «No va a ser sencillo. Lo que tenemos que buscar es puntos de encuentro para hallar un mínimo común denominador a efectos de poder avanzar en el futuro», dijo el Ministro de Economía De Guindos a la Agencia EFE (23-05-2017). Si de sumar se trata, bien está el paso al mínimo común denominador. Pero si lo que se pretende es identificar intereses comunes, tal vez les convenga hallar el máximo común divisor.
- No lo entendió así el portavoz de la Gestora del PSOE cuando declaró a propósito del Congreso Vistalegre II de Podemos: «Ha ganado el máximo común divisor de la izquierda y se han roto todos los puentes de entendimiento» en Servimedia (13-02-2017). Si así hubiera sido, el máximo común divisor, que reúne todos los factores comunes, sería garantía del mayor entendimiento, al contrario de lo que dice. Parece que, lejos del significado matemático, entendió divisor en un sentido más literario, como algo que divide y separa.
- «Los números afirman que 142 de los 440 partidos jugados en toda la liga terminaron en empates, o sea, más de un 32 por ciento (el Zaragoza está en la media,

clavado). Llevado al mínimo común múltiplo, esto quiere decir que uno de cada tres partidos de esta peleada liga termina en empate» en *Heraldo de Aragón* (04-06-2017). No alcanzo a comprender qué pinta aquí el mínimo común múltiplo...

Revuelto de porcentajes

Es norma básica que los porcentajes de un reparto deben sumar el 100%. Por eso fue extraño el comienzo del comentario que tras las Elecciones Presidenciales 2017 en Francia hacía el gran periodista Iñaki Gabilondo (Cadena Ser 08-05-2017). Decía:

> Resultado de las elecciones presidenciales en Francia: primero, Emmanuel Macron (66%); segundo, la abstención y el voto en blanco (37%); tercera, Marine Le Pen (34%). Con esta pequeña trampa matemática se entiende mejor la dificultad que aguarda al nuevo presidente de Francia tras su resonante victoria.

Salta a la vista que esos tres porcentajes suman el 137%. La «pequeña trampa matemática» no es tan pequeña. Se han comparado porcentajes sobre el censo (abstención y voto en blanco) con porcentajes sobre los votos emitidos (Macron y Le Pen). Si se quieren comparar porcentajes, estos deben referirse a una misma cantidad; en este caso, referidas al censo de votantes. Hagamos bien los números:

- Abstención y voto en blanco: 37%
- Votos emitidos: 100% - 37% = 63%
- Emmanuel Macron: 66% del 63% = 41,6%
- Marine Le Pen: 34% del 63% = 21,4%

De modo, que: 1º Macron 41,6%; 2º Abstención y en blanco 37%; 3ª Le Pen 21,4%.

A la vista de estos números, la dificultad que aguardaba al nuevo presidente francés era todavía mayor. Con la «pequeña trampa», la situación no «se entiende mejor».

Simplemente enunciaremos otros dos deslices sobre porcentajes escuchados en TV para que sea el propio lector quien los analice. Nuestros comentarios, en las notas a pié de página.

> «El año pasado se destinaron una media de 1.400 euros a cada desempleado en materia de formación y este año se reduce a 1.000 euros por desempleado. Un 40%, ¡eh!». Un entrevistado en *Salvados: Parados en espera* (La Sexta 03-06-2012).[10]

> «El margen de una tienda multimarca es aproximadamente del 2,5%. Ellos compran por 50 y venden por 120». Un entrevistado en *Equipo de Investigación*: *Made in Spain* (La Sexta 02-06-2017).[11]

Gráficas bajo sospecha

Es habitual la presentación en los medios de gráficas que debieran facilitar al público la lectura y comprensión de los datos. Hacer esas gráficas de forma correcta o incorrecta, conlleva que de los mismos datos se puedan sacar conclusiones diferentes y aún opuestas. Abundan los ejemplos de mal uso y, para saber si son fruto de la incompetencia o de la mala fe, suele ser orientadora la clásica pregunta: ¿A quién benefician?

Cuando dichos gráficos son presentados rápidamente, sin

10 El entrevistado hace el porcentaje sobre la cantidad final, pero debe hacerse sobre la cantidad inicial. 400 es el 40% de 1.000, pero es el 28,57% de 1.400 (un recorte tremendo, igualmente). Si se hubieran reducido el 40%, los 1400 euros se quedarían en 840 €.

11 El entrevistado confunde el 2,5%» con «2 veces y media», que es un 250%. ¡Vaya diferencia! Con un margen del 2,5%, el producto pasaría de 50 € a 51,25 €. Si pasa de 50 € a 120 €, el margen es exactamente del 240%.

que los telespectadores tengan tiempo para analizarlos, lo que queda en su subconsciente es tan solo el impacto visual.

En las gráficas de barras se debe respetar la proporcionalidad entre su longitud y los datos que representan[12]. Observe el lector los siguientes ejemplos y extraiga sus propias conclusiones.

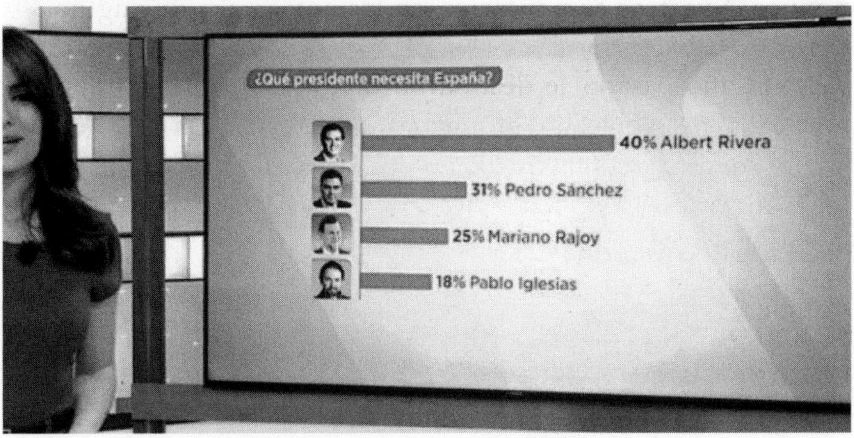

Antena3. Sondeo de opinión 2015

Gráfica corregida:

12 Cuando los datos son números muy grandes no es preciso comenzar la escala desde cero, siempre que tal decisión (ruptura de ejes se le llama) quede clara sobre un eje de referencia. Pero no era ese el caso de los ejemplos mostrados.

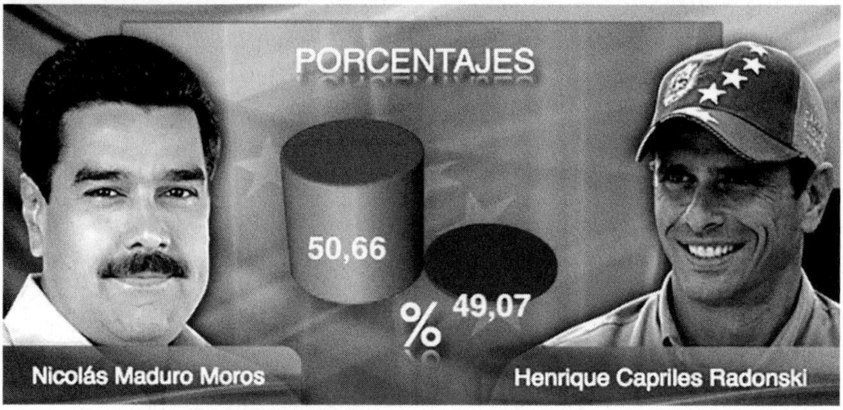

Venezolana de Televisión. Elección Presidencial 2013.

Gráfica corregida:

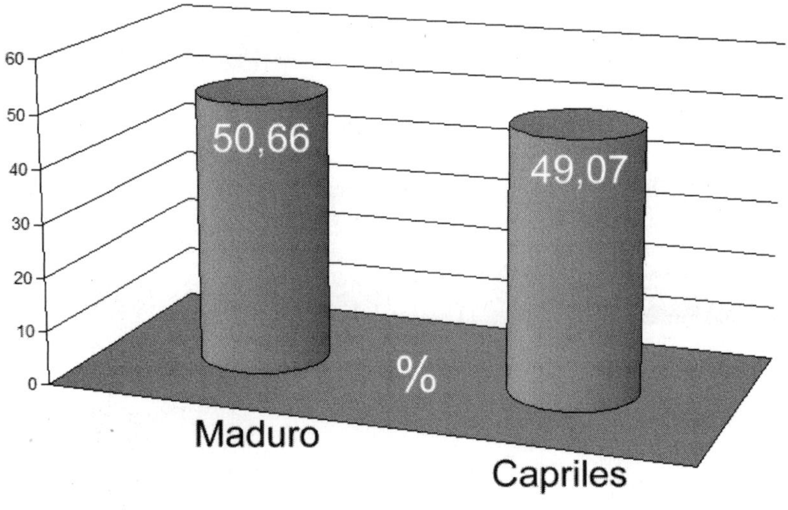

Una diferencia del 1,59% apareció como un abismo.

Un cambio de signo no debe suponer un cambio de escala. Las unidades positivas deben tener la misma longitud que las negativas.

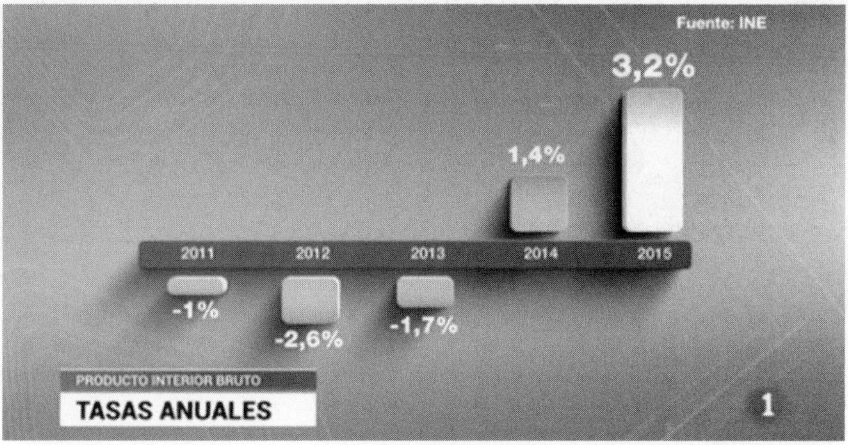

TVE. Julio 2016.

Gráfica corregida:

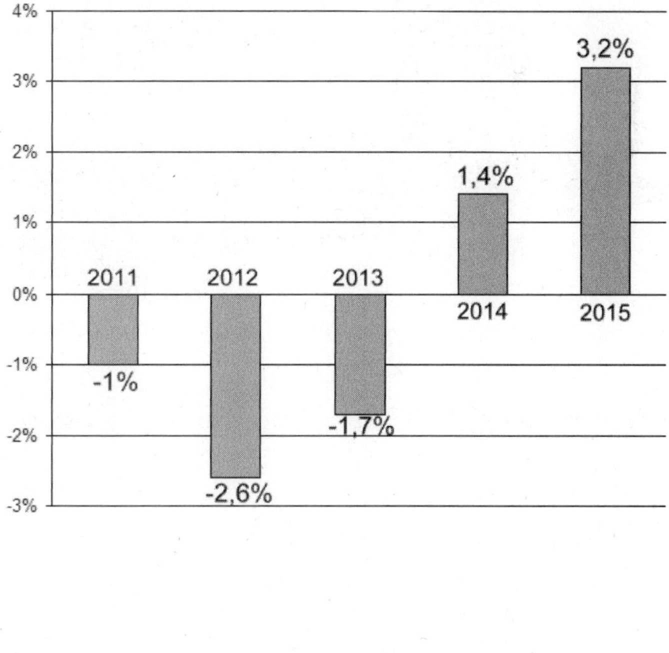

Por supuesto, en una escala vertical, los números mayores deben estar más arriba que los que son menores.

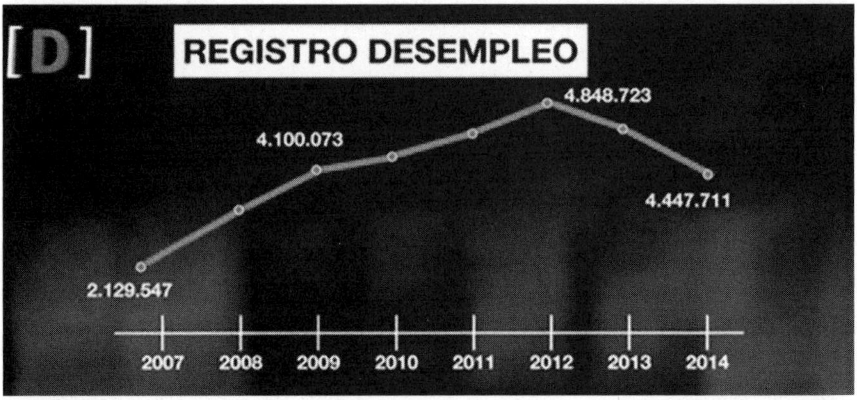

TVE. Enero 2015.

¡Pero deben estar donde les corresponde!

El País. 25-10-2014.

Cuando se trata de comparar cambios en el tiempo y posiciones relativas, las pendientes son importantes.

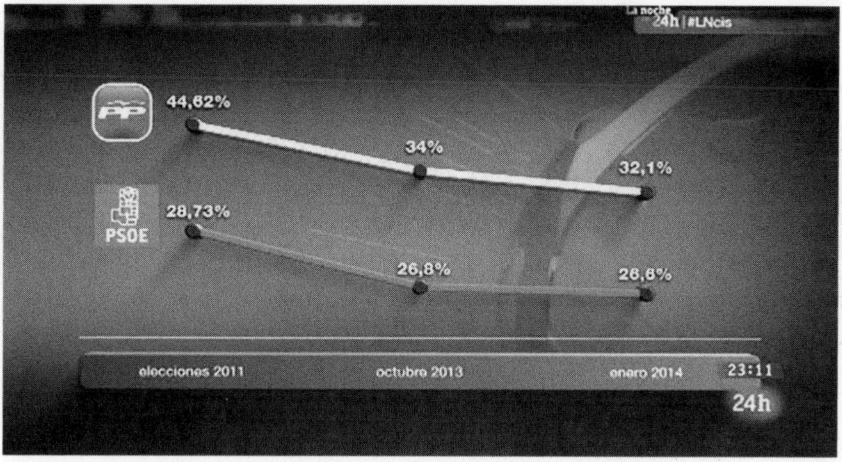

Canal 24 h. Intención de voto. Enero 2014.

Gráfica corregida:

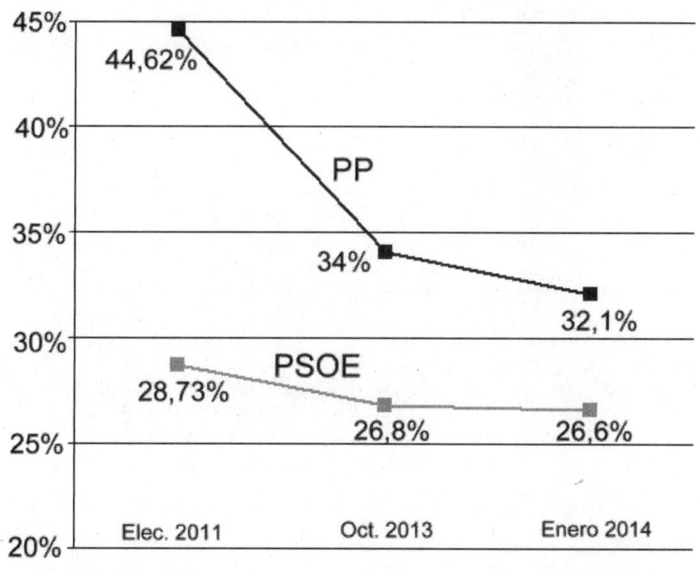

En la disputa política, la manipulación de los gráficos es usada por los unos para criticar a los otros.

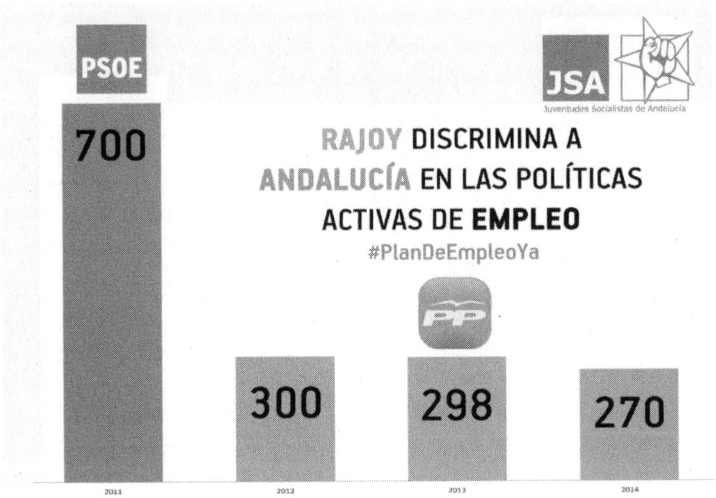

Gráfica corregida:

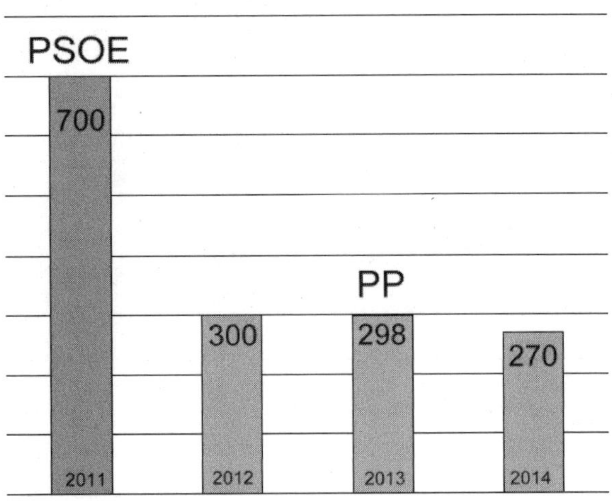

Y es usada por los otros para criticar a los unos.

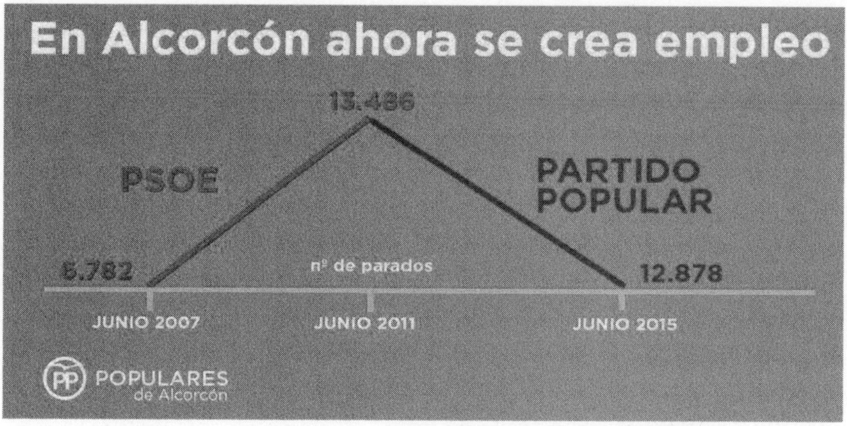

Gráfica corregida:

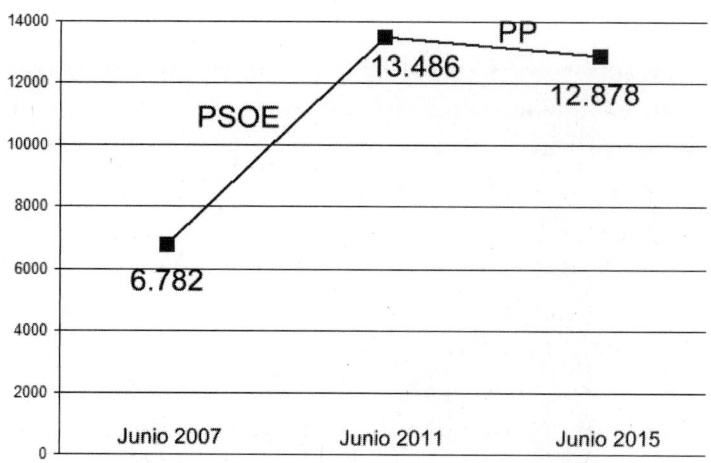

Terminaremos esta colección con un caso digno de comentario. El diario gratuito *20 Minutos* publicaba de esta forma los resultados de la Encuesta General de Medios del 2° trimestre de 2008, según la cual era el diario de mayor difusión en España:

Obsérvese cómo, siendo *20 Minutos* un diario gratuito, se ha puesto el mayor énfasis no tanto en destacar ellos mismos sino en perjudicar a sus competidores de la prensa gratuita: a *Qué!* con respecto a *El País* (casi igualados en números, pero bien alejados en la gráfica); y especialmente a *ADN*, tanto con respecto a *Metro* (a quien prácticamente iguala en número pero se le aleja mucho en la gráfica) como con *El Mundo* (a quien supera en medio millón de ejemplares pero se le iguala en la gráfica).

Terminemos con un ejemplo de buena práctica (que también los hay) de cómo se deben presentar los gráficos para permitir al lector su correcta interpretación:

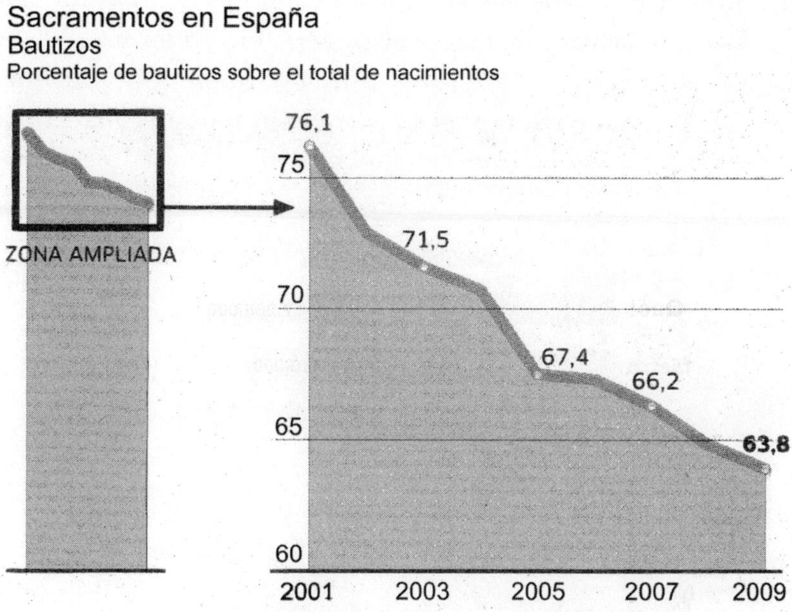

Público (06-01-2012).

- Sobre cada punto de la gráfica está su dato numérico.
- Está explicitada sobre el eje vertical la escala.
- Dado que el gráfico ampliado no parte de cero y las pendientes pueden parecer así distorsionadas, a la izquierda aparece la gráfica completa, desde cero, con la zona ampliada encuadrada.

Torpeza gráfica

Cuando no hay intereses de por medio, solo cabe atribuir el mal uso de las gráficas a falta de conocimientos matemáticos. A veces se publican «gráficos de burbujas» donde se representan fenómenos mediante círculos de tamaños supuestamente proporcionales a los datos representados. Publicaba *El País* (03-04-2009) un gráfico de ese tipo bajo el título «Despidos en el mundo» con los números de despidos registrados desde la segunda quincena de septiembre de 2008 hasta mayo de 2009. En Europa eran 155.652 personas; y en América, 303.760. Como este segundo dato prácticamente duplicaba al primero, dibujaron círculos donde el radio del círculo americano era el doble del radio del círculo europeo.

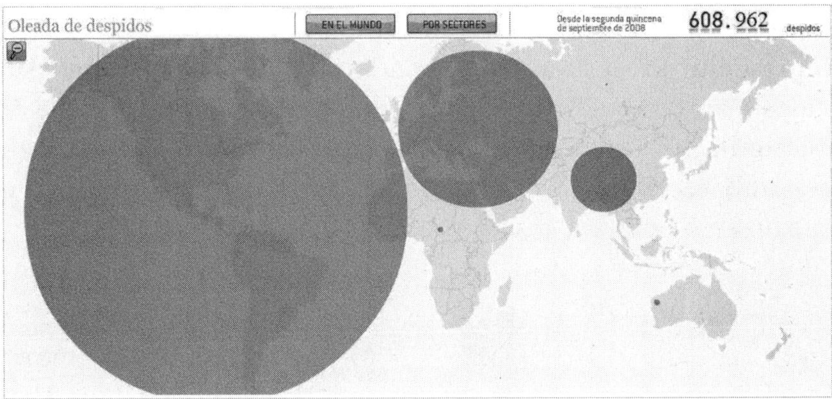

Pero, ¿qué pasaba con las áreas? Recordemos que el área del círculo es igual al número π multiplicado por el cuadrado del radio.

Si el radio del círculo menor era 2 cm, su área era

$$\pi \cdot 2^2 = 4 \cdot \pi \text{ cm}^2$$

Si el radio del círculo mayor era 4 cm, su área era

$$\pi \cdot 4^2 = 16 \cdot \pi \text{ cm}^2$$

Siempre que se amplia una figura, manteniendo su forma, si las distancias se multiplican por un número (en este caso por 2), las áreas quedan multiplicadas por el cuadrado de ese número (en este caso por 4)[13]. Así que la superficie de la burbuja americana resultaba ser cuatro veces la de la europea,

13 Y, en el caso de cuerpos tridimensionales, el volumen queda multiplicado por el cubo de ese número. Es la llamada *ley cuadrado-cúbica*, enunciada por Galileo.

y no dos veces como correspondería a los datos. Cuando el gráfico deforma la realidad, desinforma.

Dudosa asociación

También circulares y mucho más comunes que los anteriores, son los gráficos de sectores. Suelen ser utilizados en prensa para representar los resultados de sondeos de opinión. Aunque sus datos sean veraces, la forma de representarlos es susceptible de manipulación. *ABC*, en su edición de 02-08-2013 daba noticia de la comparecencia del Presidente del Gobierno Mariano Rajoy a propósito del llamado «caso Bárcenas». Incluía los resultados de un estudio de opinión pública tras la esperada comparecencia. Bajo la pregunta «¿Cómo cree que ha salido el Presidente del Gobierno tras su intervención?», se veía un gráfico circular con dos sectores y estas leyendas: Igual o reforzado, 54,1%; Debilitado, 43,3%. Su titular era: «La mayoría de los españoles opina que Rajoy sale del debate igual o reforzado».

Faltaba un 2,6% para llegar al 100%. Supondremos que esos eran quienes no contestaron a la pregunta, que también debían ser incluidos en el gráfico. Perdonemos ese detalle menor. Lo realmente significativo es que en una encuesta con tres opciones el gráfico englobe en un mismo sector a dos de ellas. Análoga manipulación hubiera sido hacerlo a la inversa, diciendo: Reforzado x%; Igual o debilitado y%. No podemos decir los valores de x ni de y porque el periódico no dio la información correcta, fuera con o sin gráfico, que debía diferenciar las tres opciones: Reforzado; Igual; Debilitado.

Matemáticamente exagerados

Con mayor frecuencia, es un mal uso de los datos numéricos el que lleva a informaciones absurdas por su magnitud que, incomprensiblemente, a veces pasan los controles de las redacciones (si es que los hay). Por ejemplo:

- «En España hay 2.208 millones de funcionarios». *Heraldo de Aragón* (07-02-2006). Es de suponer que hubo una confusión entre el punto y la coma decimal, porque yo diría que no son tantos...
- «Seis de cada cuatro canarios piensan que el gobierno autónomo dedica pocos recursos a la lucha contra la delincuencia». *Las Provincias.* En tal caso, sería una opinión muy, muy extendida.
- «Se han conocido las cifras del paro correspondientes al último mes. Se han creado diecisiete mil trescientos cuarenta y dos mil ochocientos cincuenta y tres nuevos empleos, lo cual supone que el número total de empleos ha aumentado en un cincuenta y siete mil novecientos veintitrés por ciento». *Noticias* de Antena 3 Televisión (Mayo 1998). Un aumento histórico.

De forma voluntaria, en las declaraciones de personajes públicos y en los anuncios, se utilizan expresiones matemáticas para enfatizar el valor de algo. Pero a menudo se hace con más intención que rigor. El máximo de la exageración está en usar a la ligera el concepto de infinito (o su equivalente temporal, la eternidad). Por ejemplo:

- La compañía de telefonía móvil Yoigo ofrece su «Tarifa infinita», así llamada porque permite llamadas ilimitadas. Pero lamentablemente, siendo nuestra vida finita, finito es el tiempo que podemos dedicar a hablar por teléfono.
- El turismo cántabro es promocionado en la campaña «Cantabria infinita». El amor a la tierruca se ha desbordado en el lema.
- Con frecuencia la exaltación deportiva incurre fácilmente por esos derroteros y leemos titulares como: «Infinito Messi» en *Marca* de 31-05-2015 (ya vimos que su sueldo tiende a infinito); «Cristiano Ronaldo hacia lo infinito»

según Florentino Pérez en *ABC* (02-10-2015); «Infinito Valentino Rossi» en diariodelweb.it (27-04-2017).
- «Este sueño será eterno mientras dure» decía Daniel Alves, futbolista, durante la celebración de la 5ª Champions League del F.C. Barcelona (07-06-2015).

Más moderada es la exageración de quienes, usando porcentajes, ofrecen un poco más de lo que pueden dar. Por ejemplo:

- «Ante el Barça tenemos que llegar al 105%» (Guillermo Cuadrado, futbolista. *El Comercio* 09-04-2017).
- «Sería una barbaridad no estar al 120% en los próximos tres partidos» (Paco Herrera, entrenador de fútbol. Cadena Ser 12-04-2017).

Otra forma de potenciar (al pié de la letra) lo que se quiere destacar es mediante el uso de la expresión «al cuadrado». Por ejemplo:

- Costa Cruceros, junto a la sonrisa de Shakira, nos dice: «Bienvenidos a la felicidad^2».
- El cantante italiano Eros Ramazotti publicó un disco titulado «e^2». No se piense que la *e* era el número irracional base de los logaritmos neperianos ($e = 2{,}7182818\ldots$), qué va, sino que es una alusión al propio cantante (*e* de Eros). Ese título quiere significar algo como «Eros Ramazotti en estado puro».
- La Clínica Quirón de Zaragoza anuncia: «(hospital)^2. Mucho más que un hospital» y «El máximo exponente de la sanidad privada en Aragón» (para ser el máximo no parece muy alto, por cierto).

El efecto buscado en estos casos está claro, pero su correspondencia con el significado matemático no tanto. Elevar un número al cuadrado no siempre supone un aumento de su valor. Se dan estos casos:

- Si el número es negativo, su cuadrado es positivo. Un cambio de signo sí que es algo notorio. Ejemplos: $(-5)^2 = 25$; $(-1)^2 = 1$; $(-0,3)^2 = 0,09$; $(-0,1)^2 = 0,01$
- Si el número es 0 o 1, no hay cambio: $0^2 = 0$; $1^2 = 1$.
- Si el número está entre 0 y 1, su cuadrado es menor. En tal caso, elevar al cuadrado tiene el efecto contrario al pretendido en aquella publicidad. Ejemplos: $0,1^2 = 0,01$; $0,12^2 = 0,0144$; $0,9^2 = 0,81$.
- Si el número es mayor que 1, su cuadrado es mayor, que es lo que se quiere decir en los anuncios. Ejemplos: $1,1^2 = 1,21$; $6^2 = 36$; $100^2 = 10.000$.

Así que, antes de ponderar que algo se eleva al cuadrado, será mejor saber cuál es el valor previo. Porque, por ejemplo, si mi felicidad era poquita, elevándola al cuadrado me hunden.

Dudo si hay un error en el uso de la preposición o se trata de una expresión de énfasis. El caso es que en la pizarra de un bar de tapas de mi ciudad anuncian así su especialidad, las sardinas:

Sin mediar operaciones aritméticas, directamente, se exageraba en la Campaña 2015 de una marca de cervezas:

> El año pasado, para combatir la sed de este país, hicimos cinco pentatrillones de Amstel Radler y nos vino justito. Por eso este año hemos hecho mogollones de trillones. Disfrutádlas.

Ni «pentatrillones» ni «mogollones» son órdenes de magnitud definidos, son puros inventos graciosillos de un creativo publicitario. Cabe suponer que se citan a modo superlativo. La publicidad tiene esas cosas. Pero los trillones sí que son conocidos.

$$1 \text{ trillón} = 1_3000.000_2000.000_1000.000 = 10^{18}$$

Si tal exageración se correspondiera con la realidad aunque fuera en un solo trillón de cervezas, a cada uno de los aproximadamente 38.358.000 españoles adultos nos habían preparado unos 26.070 millones de cervezas.

Decían en el semanario humorístico *La Codorniz* que «donde hay publicidad resplandece la verdad». No sé…

Capítulo 5

GIRA EL MUNDO, GIRA

Se llama *giro* o rotación al movimiento circular de una figura (sin cambiar su forma ni su tamaño), según un determinado ángulo, con respecto a un centro (si es en el plano) o a un eje (si es en el espacio).

GIROS NATURALES

La naturaleza nos ofrece muchos ejemplos de giros.

Ánades reales girados a 60° y a 90°.

Adelfa (pétalos con giro de 72°).

Descanso dudoso

También a veces lo hace la publicidad, aunque no siempre con propiedad. Las siguientes tres figuras corresponden a un anuncio de una importante marca de colchones y canapés. Sobre ellas aparecía este rótulo:

> ¿Por qué hacemos somieres con fibra de vidrio y carbono que nunca pierden su flexibilidad? Porque tú si la pierdes.

Para cada uno de los anteriores ángulos, pongamos el doble.

Giros personales

El Diccionario de la RAE recoge otras interpretaciones que tienen los términos «girar» y «giro» cuando hablamos de comportamientos: «Desviarse o cambiar la dirección inicial» y «Mudar de intento o resolución». Es uno de esos casos en que un concepto geométrico sirve como metáfora para asuntos humanos. Pero un uso adecuado de la metáfora exige el cuidado en los términos utilizados; en este caso, del ángulo de giro, expresado en grados. En el siguiente gráfico, algunos ángulos de giro que aparecen en este capítulo.

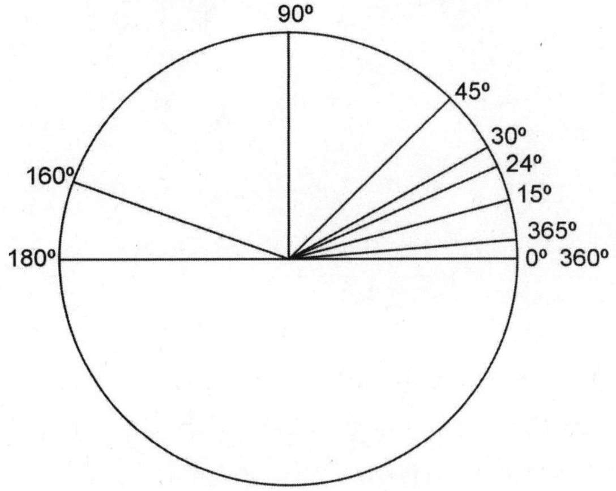

Decía una participante en el concurso de Antena 3 *El amor está en el aire*:

> Date cuenta de que Iker ha sido una persona que ha vivido siempre en su casa. Nunca ha tenido una pareja. Ha vivido siempre con su madre. Entonces, aparezco yo en su vida. Lo que quiere decir que su vida cambia rotundamente y da un giro de 24º.

Bueno, es un cambio de orientación, pero no tan rotundo. Si solo son 24º, Iker no tendrá que cambiar demasiado su vida. Pablo Echenique, secretario general del partido Podemos en Aragón, declaraba a *Heraldo de Aragón* (30/05/2014):

> Descarto pactar en un futuro con el PSOE. A no ser que dé un giro de 160º.

Tal giro supondría un cambio de orientación muy considerable, pero nos tememos que Echenique tuvo un lapsus y en realidad quería decir «180º». Como hombre de ciencia que es, sabe bien que es girando 180º como nos orientamos en sentido opuesto al que llevábamos, que parece ser lo que quería decir. 180º es lo correcto cuando queremos significar un cambio total de sentido. Así es como se utiliza, adecuadamente, en estas dos noticias:

> Omar Sy es, efectivamente, dueño de una risa espectacular (como su portentoso físico). Motivos para estar feliz no le faltan. Es el actor de moda, el imprescindible. Protagonizó «Intocable»y su vida dio un giro de 180 grados. Aún sigue en la cresta de la ola. *El Periódico* (15/04/2017).

> El cantante David Bustamante también ha sido capaz de sacar un hueco en su apretada agenda laboral para empezar

> a componer las canciones del que será su próximo trabajo discográfico, un disco del que ahora se ha animado a ofrecer algunos detalles para deleite de todos sus seguidores: «Es un giro de 180 grados brutal, en otra dirección. Va a ser algo mucho más urbano y tengo muchísimas ganas de que lo escuchéis». *Cosmopolitan* (24/03/2017).

Ciertamente, un giro de 180º es algo brutal. Recuerden a la niña de *El Exorcista.*

Simetría central

Geométricamente, el giro de 180º es muy interesante. Cuando se gira 180º una figura plana, se dice que el conjunto formado por la figura inicial y la girada tiene *simetría central.* En coherencia con su origen, dicha simetría se reconoce fácilmente en que si se invierte toda la figura sigue viéndose igual. Por ejemplo, la letra «N» mayúscula es así. Hagan la prueba.

Esa propiedad es bien conocida por los diseñadores de logos de ciertos productos; por ejemplo, para alguna marca de pantalones cuyo logo con simetría central se ve igual invertido, cuando el pantalón cuelga en la percha, o derecho, con el pantalón puesto.

Se llaman ambigramas a los rótulos con simetría central que así se leen igual del derecho que del revés.

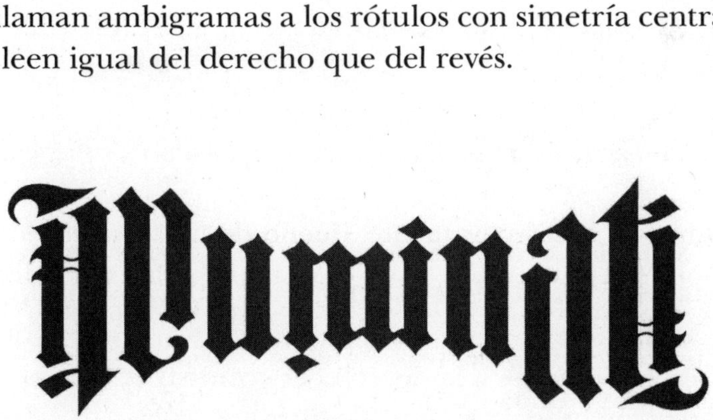

Ambigrama.

En el estudio de funciones, las que tienen simetría central reciben el nombre de *funciones impares.* Una función *f(x)* es impar cuando *f(x)* = - *f(-x)* para cualquier valor *x* del dominio de la función. Por ejemplo, son impares estas dos funciones:

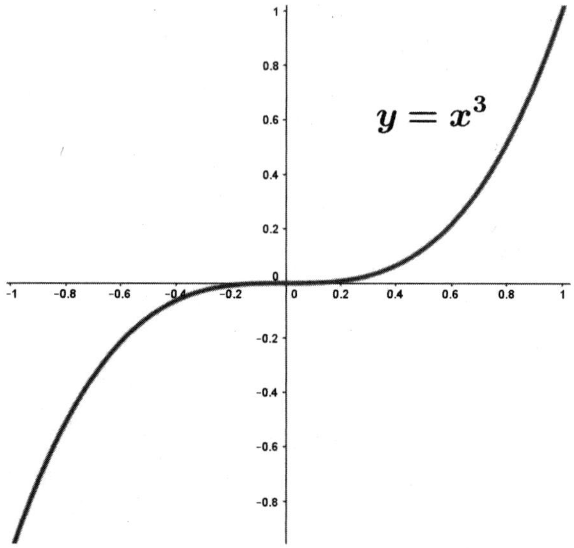

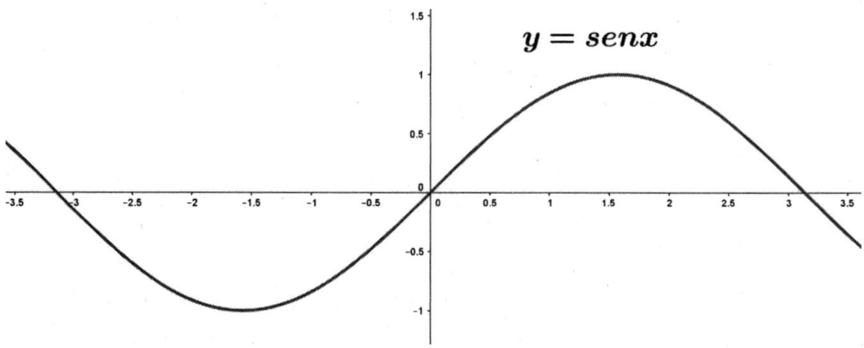

Una sencilla forma de describir el tipo de simetría que presentan las dos funciones anteriores es decir que lo que a la izquierda sube, a la derecha baja (y viceversa); y lo que a la izquierda es cóncavo, a la derecha es convexo (y viceversa). En resumidas cuentas, la simetría central o, lo que es lo mismo, el giro de 180° supone un cambio drástico, donde todas las pautas se invierten.

Pero, regresando al campo de las actitudes personales, es bastante frecuente que el deseo de enfatizar un giro tan decisivo lleve a convertirlo en un giro de 360°. Cuando así se hace, se incurre en una situación grotesca, ya que girar 360° supone completar toda una vuelta para regresar a la misma orientación que antes se tenía. Es decir, quedarse igual, sin cambio. Los ejemplos reaparecen en el tiempo:

- Esta ciudarealeña vio a sus 24 años cómo su vida daba un giro de 360 grados al sufrir un desafortunado accidente que le provocó la pérdida total de la visión de su ojo izquierdo. *El Mundo* (marzo 2003).
- En el discurso de Camps la derrota de Mariano Rajoy en las elecciones generales del 14 de marzo de 2004 provocó un giro de 360 grados. *El País* - Comunidad Valenciana (03/05/2005).
- Confiesa que su vida ha dado un giro de 360° mientras dos lágrimas se escapan de sus ojos. «También soy humana y tengo derecho a equivocarme». *El Huffington Post* (30-03-2017).
- Un choque fortuito contra el portero rival le produjo una rotura de tibia y peroné, y su vida daba un giro de 360°. *Altas pulsaciones* (02/04/2017).
- La carrera de La Pantera desde que llegó a Racing dio un giro de 360°, pero para bien. *Olé*, Argentina (23/03/2017).

En un agitado pleno del Ayuntamiento de Ciudad Rodrigo (Salamanca), discutían dos concejales:

- Como Iglesias insistió con lo de las externalizaciones (considerando que ha habido «un giro de 365°»), aludiendo en este punto al Espacio o a los tributos que cobra Regtsa, Benito expresó su admiración por «su capacidad de en cualquier cosa hablar de todo», insistiendo Benito en que «la mejor gestión posible, es la pública directa; pero hoy, la mejor posible es esta». Salamanca RTV al día (24/03/2017).

¿365º? ¿Se pasó de frenada el concejal? ¿Serían 180º o 360º? ¿O dijo lo que quería decir? En este último caso, le hubiera bastado con 5º.

Procuremos ser precisos con los giros, forman parte sustancial de nuestras vidas. Como en los 60 cantaba Jimmy Fontana:

Gira, el mundo, gira
en el espacio sin fin
con los amores recién nacidos
con los amores ya acabados
con la alegría y con el dolor
de la gente como yo.

Capítulo 6

PARÁBOLAS: DE GALILEO A MESSI

Cuando todavía los niños de ciudad jugaban en la calle, al llegar el empleado municipal de limpieza con la manguera, cantábamos: «La manga riega, que aquí no llega. Si llegaría, me mojaría». Conjugando mal el verbo «regar», conseguíamos rimar la copla.

«La manga riega...».

Pretendíamos el enfado de aquel hombre, pero era más bien por seguirnos el juego que a continuación nos apuntaba con el chorro de agua. Salíamos todos corriendo con gran jolgorio. Según estuviéramos cerca o lejos, subía o bajaba la boca de la manguera. Años después supe que a eso se le llama «corrección de tiro»; y también, que por un conocimiento puramente empírico, aquel trabajador de la limpieza era un experto en parábolas.

Parábolas a tiro

En 1632, el gran Galileo Galilei (1564-1642), padre de la ciencia moderna, en su obra *Diálogos sobre los dos grandes sistemas del mundo, ptolemaico y copernicano* enunció la *ley del tiro parabólico,* según la cual: «Si un proyectil está sometido tan solo a una fuerza de impulso inicial y a la permanente atracción gravitatoria, describirá una parábola». Luego se determinó que dicha curva viene dada por la siguiente ecuación de segundo grado:

$$y = -g \cdot (1 + tg^2\alpha) \cdot \frac{x^2}{2 \cdot v_0^{\,2}} + x \cdot tg\alpha$$

Donde: (x, y) es cada posición del proyectil

$g = 9{,}8$ m/seg^2 es la aceleración de la gravedad.

α es el ángulo de elevación con que sale el proyectil.

v_0 es la velocidad inicial.

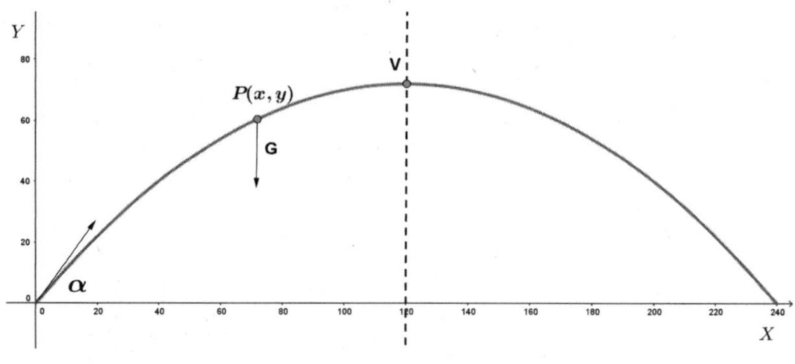

Esa es la trayectoria ideal, en el vacío. En la realidad, la resistencia del aire o el viento (sobre todo para proyectiles muy ligeros) pueden alterar un poco esa forma.

La *parábola* es una curva simétrica respecto de un eje que pasa por un punto de la misma, llamado vértice. En el tiro parabólico, el vértice es el punto más elevado de la trayectoria.

Galileo estudiaba los proyectiles usados en las guerras, sentando las bases de la balística. Por algo, las academias de artillería fueron lugares de estudio matemático. Es curioso observar dos dibujos de la época donde se conjeturaban otras trayectorias de proyectiles [15]. El primero aparece en un libro escrito por el holandés Daniel Santbech en 1561, titulado *Problematum Astronomicorum et Geometricorum Sectiones Septem.* Nos presenta un proyectil que, tras un ascenso rectilíneo, cae a plomo. Pocas dotes de observación tenía el artista en este caso.

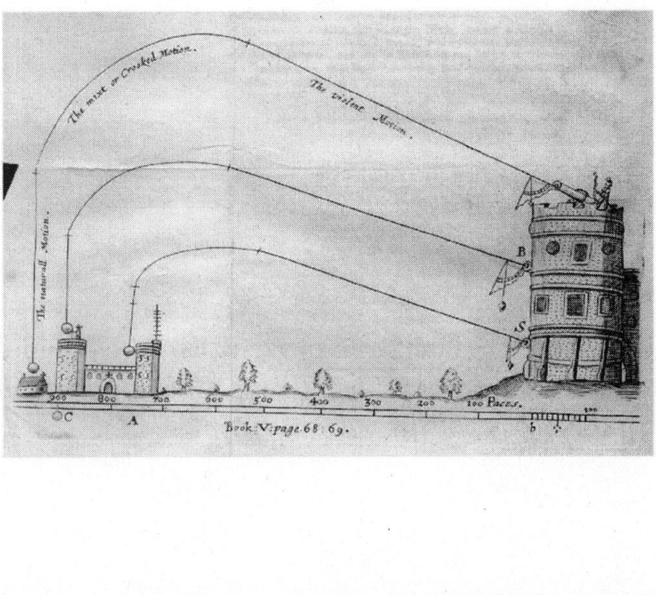

El segundo es de 1684 y un poco más realista, pero todavía no es acorde con el descubrimiento de Galileo. Aparece en el libro de S. Sturmy *The Mariners Magazine or Sturmy's Mathematicall and Practicall Arts.*

Ángulos deportivos

Pero mejor hablemos de los proyectiles incruentos. Todos están sometidos a la misma ley parabólica; tanto el agua que sale de una fuente ornamental como los balones y artefactos lanzados por los deportistas, incluso su propio cuerpo en un salto.

Para controlar la forma y el alcance que va a tener la trayectoria, en la ecuación citada podemos actuar sobre el ángulo α y sobre la velocidad inicial v_0. Es útil conocer qué efecto tiene la variación de α para un mismo valor de v_0. El alcance aumenta si α varía de 0° a 45° y luego disminuye de 45° a 90°. Fue Niccolò Tartaglia (1500-1557), en su obra *Nova Scientia* (1537), quien por vez primera afirmó que el máximo alcance se obtiene con un ángulo de 45°.

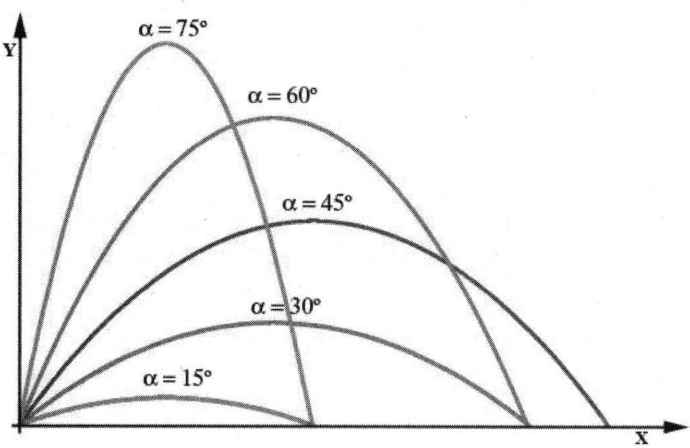

Observemos una fuente donde se ofrece un espectáculo de luz y sonido. Las parábolas acuáticas evolucionan según la música. ¿Cómo se consigue? Variando α, al subir o bajar la boca de salida del agua, igual que hacía aquel trabajador de la limpieza con su manguera.

Supongamos que Leo Messi queda solo ante el portero del equipo rival e intenta una «vaselina» o «globo» con el balón (así se llama cuando éste sobrepasa la altura que puede alcanzar el portero). Para conseguir su propósito, lo «picará»; es decir, lo empujará desde abajo, para que el ángulo α tenga un valor alto y la parábola llegue por encima de cualquier salto del portero. ¿Quiere esto decir que Messi es bueno con las matemáticas? No de forma explícita, desde luego. Pero sí que tiene un conocimiento intuitivo, adquirido por la experiencia, de cómo aplicar en cada momento, a través de sus gestos y de forma eficaz, principios físicos y geométricos que formalmente desconoce. De hecho, pienso que si el crack argentino del Barça tuviera que determinar antes del disparo cuál es la ecuación de la parábola, su efectividad goleadora iba a quedar bastante mermada...

El objetivo del lanzador de peso es que la bola metálica que lanza llegue lo más lejos posible. Las gráficas anteriores aconsejan que su brazo la impulse con un ángulo de 45°. Es un gesto técnico que deberá trabajar en las sesiones de entrenamiento.

El saltador de pértiga no pretende llegar lejos, sino alto Para ello, su cuerpo se eleva, si su técnica se lo permite, casi vertical. Pero debe asegurase además de que el vértice de la parábola que dibuja su cuerpo en el aire coincida sobre el listón. Si ese vértice se alcanza antes de llegar al listón, este será derribado en la caída. Si alcanza el vértice después, el listón será derribado en el ascenso. Cada pertiguista tiene una velocidad, una fuerza muscular, una técnica y un tipo de pértiga. Todos esos factores confluyen en sus particulares valores de α y v_0, en definitiva en su parábola. Debe conocerla y así, antes de cada salto, indicar a los jueces que adelanten o retrasen el listón sobre unas guías móviles. Al hacerlo, está situando el vértice de su parábola.

También el deporte puede ser observado con «ojos matemáticos», lo cual no le quita emoción, sino que enriquece nuestra comprensión del mismo.

Están, además, las parábolas evangélicas. Pero esas son de otro tipo.

Capítulo 7

UNA CUESTIÓN DE ORDEN

Cuidado con quien habla de poner las cosas en orden.
Siempre significa ponerlas bajo su control.
Denis Diderot

Según el dicho popular, «el orden de los factores no altera el producto». Los matemáticos decimos al respecto que el producto es una *operación conmutativa*, como también lo es la suma. Añadir esa palabreja nos distingue como entendidos hasta en algo que parece saber todo el mundo. Así suele ocurrir en todos los gremios.

Operaciones no conmutativas

Pero falla el saber popular muchas veces en que la famosa frase se aplica a cualquier tema. Sin salir de las matemáticas, con frecuencia el orden es importante, por ejemplo en la resta (no es lo mismo 3 – 5 que 5 – 3) y también en la división. Pareció que lo olvidaron en la redacción de *La Gaceta* cuando el domingo 23-06-2013 publicaron la siguiente portada.

A PESAR DE LA CRISIS, ESPAÑA SE BLINDA FRENTE AL CRIMEN

MUCHA, MUCHA POLICÍA

España es la nación europea con más agentes por habitante (505), a mucha distancia de Francia (390), Reino Unido (260) y Alemania (299)

La presión policial hace que nuestro país tenga una de las mayores tasas de población reclusa de la Eurozona » Páginas 14 y 15. Editorial, 3

Bajo el titular se podía leer: «España es la nación europea con más agentes por habitante (505)». ¡Con razón decía el titular «Mucha, mucha policía»![14]

Alertados por aquellos exagerados titulares que hablaban de los bares por habitante (ver página 21), supuse que ahora se trataba de un agente por cada 505 habitantes. El orden del dividendo y el divisor sí altera el cociente. No es lo mismo dividir el número de habitantes entre el de policías que hacerlo a la inversa. Si mi suposición era correcta, sería un sarcasmo que se errase en el orden, precisamente para hablar de las Fuerzas del Orden... Pero más tarde supe que 505 son los policías por cada 100.000 habitantes, de modo que en España hay un policía por cada 200 habitantes.

Porcentajes en orden

Sin necesidad de llamar a la policía, en una ocasión asistí en un comercio a una disputa que también tenía que ver con la conmutatividad. Pero no era una discusión sobre estructuras algebraicas, qué va, sino de precios. El caso era que en plenas Rebajas se anunciaba un descuento del 15% y los precios de las

14 Alusión a una estrofa de la canción *Pacto entre caballeros* de Joaquín Sabina.

etiquetas no llevaban incluido el IVA, un 21% que había que añadir. La polémica era, más o menos, la siguiente:

Vendedor: «Marca 40 euros., más el 21% de IVA y menos el 15% del descuento».
Comprador: «No, usted me descuente primero el 15% y así pagaré menos de IVA».
Vendedor: «Pero dese cuenta de que, de la forma que yo digo, tendrá más descuento porque será sobre el precio con IVA».

¿Quién tenía razón? Ninguno de los dos. Comprobémoslo.

- Precio según el vendedor: 40 · 1,21 · 0,85 = 41,14 €
- Precio según el comprador: 40 · 0,85 ·1,21 = 41,14 €

¿Por qué se obtiene el mismo resultado? Porque subir un 21% de IVA equivale a subir el precio hasta un 121%; es decir, a multiplicarlo por 1,21. A su vez, descontar un 15% equivale a bajarlo a un 85%; es decir, a multiplicarlo por 0,85. Así que la doble operación a realizar es un producto, por 1,21 y por 0,85. Y qué más da en qué orden se haga, si «el orden de los factores no altera el producto».

¡Vaya baraja!

Suponer la conmutatividad de la división es un grave error, pero el error llega a ser triple en el caso de la siguiente baraja. Se trata de un juego de mesa para ejercitarse en el cálculo. Cada carta tiene, en su anverso y en su reverso, sendas divisiones. Cada jugador puede ver, además de la división que le es propuesta, en formato más pequeño y en la esquina superior izquierda, el resultado de la división propuesta al jugador contrario. En las siguientes imágenes podemos ver las dos caras de una de esas cartas:

En el anverso (a la izquierda) se propone el cociente 8:0. En el reverso (a la derecha) se da como resultado 0. El error es triple porque:

1. Para la división 8:0 se da como resultado el de la división 0:8 = 0.
2. La división 8:0 es imposible, no tiene sentido[15].
3. Esta baraja pretende ser educativa.

Cuando dividimos 8 entre números positivos cada vez menores y cada vez más cercanos a cero, el resultado va creciendo sin fin. Tanto, que se dice que tiene como límite infinito. Pero eso es entrar en otro terreno. El cálculo diferencial todavía no ha sido objeto de juegos de mesa.

Las ensaladas tampoco son conmutativas

Fuera de las matemáticas, la conmutatividad es extraña. Por ejemplo, en la cocina. En algo tan simple como el aliño de una

15 Cuando indico 8:0 a la calculadora científica obtengo: ERROR. Cuando se lo pregunto al asistente Siri de mi iPad, me responde: «Me parece fatal que intentes freír mi núcleo computacional».

ensalada, el orden importa. Se explicaba en un artículo de la sección Comer del diario La Vanguardia (06-09-2017):

> Una peculiaridad para conseguir que la ensalada sea un manjar es el orden en que se echan el aceite, la sal y el vinagre. Sí, a diferencia de las multiplicaciones, aquí el orden de los factores sí altera el resultado. Los tres ingredientes deben ser incorporados en el siguiente orden: sal, vinagre y aceite, a poder ser, de oliva virgen extra.
>
> Pero, ¿por qué? Pues bien, si quisiéramos echar primero el aceite, se crearía una película protectora alrededor de los ingredientes de la ensalada que impediría que entraran en contacto tanto con el vinagre como con la sal.
>
> Echando en primer lugar la sal, algunos de los ingredientes de la ensalada, como ahora el tomate, la absorberán. De esta manera, se potencia el sabor. Con el vinagre, que contiene agua, conseguiremos disolver el resto de sal. Y ya para acabar, como ya agregado la sal y el vinagre, ya podremos añadir el aceite que creará esa capa protectora que se comentaba anteriormente.

Y si hablamos de guisos más elaborados, no digamos. Aunque si cambiamos el orden establecido en la receta canónica siempre podemos escudarnos en la experimentación culinaria.

No es lo mismo...

De forma análoga, en el lenguaje, cambiar el orden de las palabras cambia su sentido. Esa es una clásica veta de humor. A continuación algunos de esos chistes, todos ellos pertenecientes al »humor blanco» (lo habitual es que sean más subidos tono):

- No es lo mismo «la sopa hirviendo» que «ir viendo la sopa».
- No es lo mismo un «chico bizco» que un «bizcochico».

- No es lo mismo «un miembro en la corte» que «un corte en el miembro».
- No es lo mismo «me río en el baño» que «me baño en el río».

El escritor Luc Étienne (1908-1984) exploraba de forma más elaborada las posibilidades creativas de esa falta de conmutatividad. Étienne pertenecía al Grupo Oulipo y a la Escuela Patafísica, vinculada al surrealismo [16]. Realizaba transformaciones según reglas matemáticas sobre un poema de partida; por ejemplo, escribiendo sus versos sobre una cinta de Moebius. El resultado era un cambio de orden de los versos que cambiaba el sentido global del poema. Por ejemplo, esta estrofa:

Trabajar, trabajar sin cesar,
para mi es obligación
no puedo flaquear
pues amo mi profesión...

Y esta otra:

es realmente un tostón
perder el tiempo
y grande es mi sufrimiento,
cuando estoy de vacación.

Sometidas al juego de Étienne, se intercalan y quedan así:

Trabajar, trabajar sin cesar,
es realmente un tostón
para mi es obligación
perder el tiempo
no puedo flaquear
y grande es mi sufrimiento,
pues amo mi profesión...
cuando estoy de vacación.

Les Luthiers, virtuosos de la música y del humor, recogieron esa misma idea en su canción *Serenata Mariachi.* Dos mariachis (Bernardo y Porfirio) cantan estos versos a su amada María Lucrecia:

Bernardo:
Siento que me atan a ti
tu sonrisa y esos dientes
el perfil de tu nariz
y tus pechos inocentes.

Porfirio:
Tus adorados cabellos,
oscuros, desordenados
clara imagen de un anzuelo
que yo mordí fascinado.

Pero los dos mariachis intercalan sus versos, de modo que, al cambiar su orden, cantan:

Siento que me atan a ti
tus adorados cabellos,
tu sonrisa y esos dientes
oscuros, desordenados
el perfil de tu nariz
clara imagen de un anzuelo
y tus pechos inocentes
que yo mordí fascinado.

Cuiden el orden de lo que hacen, dicen y escriben. Ni lo actos ni las palabras son factores en un producto. El orden puede alterar el resultado, tanto en una ensalada como en una apasionada declaración de amor. No todo es conmutativo.

Capítulo 8

INCLINACIONES CONFESABLES

«¿Cómo podían los humanos crear tantos ángulos rectos cuando su comportamiento es tan errático e ilógico?», se preguntaba T.S. Spivet[16] al observar la ciudad, con el omnipresente y casi exclusivo dominio de las líneas rectas, perpendiculares y paralelas entre si.

Manhattan.

16 *El extraordinario viaje de T.S. Spivet* es la adaptación cinematográfica por Jean-Pierre Jeunet (2013) de la novela *Las obras escogidas de T.S. Spivet* de Reif Larsen (2009).

Efectivamente, cada cual tiene sus íntimos recovecos e inclinaciones personales. Y, mientras no se perjudique a si mismo ni a los demás, es mejor darles satisfacción. «Vencer a la tentación sucumbiendo de lleno en sus brazos», como canta Serrat en la canción *A usted*.

Los ángulos de la arquitectura

Si se trata de edificios, una inclinación puede ser algo curioso, admirable o preocupante. De momento tan solo despierta curiosidad la torre octogonal de la iglesia de San Juan de los Panetes en Zaragoza (1725), que mantiene un todavía moderado pero apreciable ángulo de 3° con la vertical. La Torre de Pisa (1173) alcanza casi los 4°. El Récord Guiness de torres inclinadas se atribuye a la Capilla de Suurhusen (1450) en Alemania, con 5° 11' 24".

San Juan de los Panetes(izquierda) y Bergen, Noruega.

En todos estos casos se trata de inclinaciones sobrevenidas como consecuencia de un vencimiento de la propia construcción o del terreno. La cercanía del agua ayuda en ello (foto de Bergen). La Colegiata Santa María a Real do Sar (s. XII), en

Santiago de Compostela, es inundada por las crecidas del río Sar y el subsuelo va cediendo. Por ahora, posteriores refuerzos evitan el desastre. ¿Hasta cuando?

Santa María do Sar.

En construcciones modernas hay otras inclinaciones mayores, pero previstas en sus diseños y por lo tanto cabe confiar que libres de amenaza.

Cuando las construcciones alteran las pautas de paralelismo y perpendicularidad, sea mediante líneas curvas o mediante ángulos agudos u obtusos, llaman nuestra atención. La arquitectura emblemática o espectacular muchas veces busca la singularidad en esa excepción. Un buen exponente de ello es la terminal T4 del Aeropuerto Adolfo Suárez Madrid-Barajas (Richard Rogers y Estudio Lamela. 2006), que combina techos ondulados y pilares inclinados y ha sido merecedora de varios premios internacionales de arquitectura.

Terminal T4.

Puente del Tercer Milenio.

Igualmente ocurre con los andadores elípticos del Puente del Tercer Milenio (Juan José Arenas de Pablo. 2008) en Zaragoza, donde los ejes de la elipse también están inclinados. Es el mayor puente de arco en hormigón suspendido del mundo.

¿Hasta qué inclinación se ha llegado de forma premeditada? ¿Hasta cuál se puede llegar? Las conocidas Torres Kio[17] de Madrid (Philip Johnson y John Burgee. 1996) se desvían 15º con respecto a la vertical. Son superadas por la Pasarela del Voluntariado (Javier Manterola. 2008) sobre el río Ebro en Zaragoza, con su mástil de 75 m de altura que se inclina 30º.

Pasarela del Voluntariado.

La inclinación es la adecuada para que cumpla su función el Reloj de Sol Multicaja (Juan Antonio Ros. 2011), el mayor del mundo (Récord Guiness). Está en el barrio de Vadorrey, en Zaragoza, a orillas del Ebro. Pesa 50 toneladas y su gran gnomon mide 46 m, alcanzando una altura de 30,343 m y una inclinación con la vertical de 48º 43' 60», un ángulo especialmente «osado»[18].

17 Han sido escenario, por ejemplo, del final de la película *El día de la bestia* (Alex de la Iglesia 1995).

18 La inclinación es la «adecuada» para hacer un reloj sencillo con gnomon orientado según el eje de giro de la Tierra (lo que hace que el movimiento

Reloj de sol en Vadorrey.

En todas las edificaciones inclinadas, lo estén de forma casual o premeditada, una ley física de enunciado matemático evita el desplome. Mientras el centro de gravedad G se proyecte en vertical sobre el suelo en un punto P que esté en el interior de la base de apoyo, la construcción se mantendrá en pié.

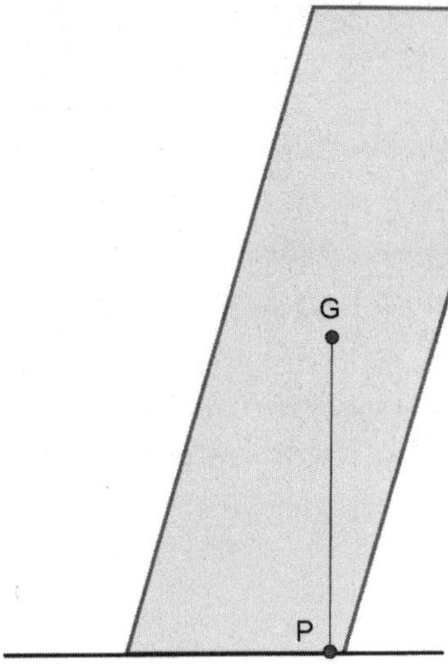

sobre el plano ecuatorial sea uniforme). Por ello la inclinación es el ángulo complementario al de la latitud de Zaragoza. Pero el gnomon podía ser vertical y las marcas más complicadas.

Esto se puede conseguir con una precisa distribución de las masas. En la Pasarela del Voluntariado se logra con el contrapeso lateral del tablero curvo. En el gran reloj de sol de Vadorrey observamos una anchura decreciente conforme gana altura (por razones estructurales) y el peso desequilibrado lo sostiene la losa de hormigón del suelo donde se incrusta el mástil lo suficiente para repartir la carga. Pero si la inclinación es fruto de un proceso, simplemente cabe decir que aún no ha llegado su hora. En esos casos y para cualquier tipo de inclinación, también para las personales, qué oportuno puede ser encontrar un apoyo…

Zoco chico de Larache (Marruecos).

Capítulo 9

¿QUIÉN ES EL MEJOR? NÚMEROS EN EL DEPORTE

Los resultados deportivos se expresan con números, sean puestos, tantos, distancias o tiempos. Los números son datos objetivos, parece por ello que debiera estar claro en cada competición quién merecer ser el ganador. Pero el asunto no es tan sencillo y, como vamos a ver, el criterio adoptado en el reglamento varía según disciplinas, alterando la clasificación resultante.

GANADORES DUDOSOS

Supongamos, por ejemplo, que los tenistas A y B disputan el partido final de un torneo a 5 sets, con estos resultados:

	Set 1	Set 2	Set 3	Set 4	Set 5
A	6	0	6	1	6
B	4	6	3	6	4

Será proclamado ganador A por 3 sets a 2. Sin embargo, A ha ganado en total 19 juegos, mientras que B ha ganado 23. ¿No merecería B ser el vencedor? Y aún más: A la vista de esa tabla no podemos asegurar cuál de los dos jugadores ha conseguido más tantos.

El caso anterior es similar al registrado en las elecciones presidenciales de EE.UU. en 2016: El ganador Donald Trump, obtuvo 3 millones votos menos que su oponente Hillary Clinton. Su victoria se debió a que la elección del presidente no se realiza por sufragio directo (en el tenis, serían los tantos) sino a través de un sistema de votos electorales por estados (en el tenis, los sets).

Diferencias de criterio

Pero hay otros criterios numéricos. Estos son algunos:

En las evaluaciones escolares es usual promediar las calificaciones obtenidas por el estudiante en los diversos trabajos y exámenes.

En las pruebas de ciclismo por etapas se elabora la clasificación general acumulando los tiempos de todas las etapas y ordenándolos en orden ascendente.

En los saltos de trampolín, se suman todas las puntuaciones emitidas por los jueces, exceptuando la más alta y la más baja.

En los saltos y lanzamientos de atletismo, se tiene en cuenta la mayor distancia o altura conseguida por cada atleta. ¿Y si fuera de otra forma? ¿Podría ocurrir una paradoja como la que hemos visto en el ejemplo del tenis? Para saberlo, viajemos con la mente a la tarde del 30 de agosto de 1991, al Estadio Olímpico de Tokyo. Se disputa la final de salto de longitud masculina del III Campeonato del Mundo de Atletismo. El Récord del Mundo esta vigente desde 1968, cuando Bob Beamon (EE.UU.) saltó unos estratosféricos 8,90 m a los que nadie se ha acercado desde entonces. Pero en pista se encuentran dos atletas, también estadounidenses, cuya rivalidad va a deparar un concurso de longitud excepcional: Mike Powell y Carl Lewis. Estas son sus increíbles series de saltos en aquella final:

Mike Powell	7,85	8,54	8,29	nulo	8,95	nulo
Carl Lewis	8,68	nulo	8,83	8,91	8,87	8,84

Según el criterio del mejor salto, Mike Powell es el ganador, Campeón del Mundo y nuevo Récord del Mundo con 8,95 (récord todavía hoy vigente). Carl Lewis asiste incrédulo a cómo habiendo realizado la mejor serie de saltos de la historia no ha conseguido la victoria. No le faltan motivos. Veamos qué hubiera ocurrido si la clasificación se hubiera hecho aplicando otros criterios numéricos.

Según el criterio de la media aritmética: Powell 5,61 - Lewis 7,35.

Según el criterio de «saltos ganados», similar a los sets del tenis: Powell 2 - Lewis 4.

Según el criterio de la suma, como en el ciclismo por etapas pero en orden decreciente: Powell 33,63 - Lewis 44,12.

Según el criterio de la media corregida, como en los saltos trampolín: Powell 6,17 - Lewis 8,80.

Con cualquier otro de los criterios, el ganador no hubiera sido Powell sino Lewis.

Pero hay un hecho importante que no se debe obviar. El criterio numérico condiciona la clasificación; pero, antes, también condiciona la estrategia de competición. Por ejemplo, en el caso del salto de longitud, la necesidad de superar al rival que va por delante suele obligar a apurar en los saltos y ello provoca más saltos nulos. En el tenis, un jugador que da por perdido un set puede relajarse, a la espera de remontar en el siguiente; algo no válido en el ciclismo por etapas, donde las pérdidas de tiempo se acumulan y no da igual perder por poco que por mucho.

El problema del seleccionador

Otra cuestión deportiva cuyo desenlace depende del uso que se haga de los números es la elección de atletas para formar un equipo. Imaginemos el siguiente caso [17]:

El seleccionador nacional de atletismo duda qué corredor seleccionar en los 400 m lisos. Hay dos candidatos, cuyas marcas más recientes han sido estas:

Corredor A	45" 2	45" 8	45" 2	45" 8
Corredor B	45" 5	45" 4	45" 6	45" 5

¿Qué corredor elegir? Lo usual es aplicar el criterio de la mejor marca, en cuyo caso el seleccionado debiera ser A, que por dos veces consiguió 45" 2. Pero, tratándose de una prueba por equipos, tal vez convenga asegurar puntos y queramos saber cuál de los dos es más fiable. Si para ello calculamos las medias aritméticas, obtenemos en los dos casos 45" 5.

La media aritmética por si sola no lo explica todo, ya que se puede llegar a una misma media con datos muy parecidos o muy diferentes entre si. Por ese motivo, en estadística se usan las llamadas *medidas de dispersión*, que indican la mayor o menor variación de los datos. Para ello, parece lógico considerar las diferencias de cada marca con la media.

Corredor A	- 0,3	+ 0,3	- 0,3	+ 0,3
Corredor B	0	-0,1	+0,1	0

Calculamos la media de esas desviaciones:

Para A: $(-0{,}3 + 0{,}3 - 0{,}3 + 0{,}3)/\ 4 = 0$
Para B: $(0 - 0{,}1 + 0{,}1 + 0)/\ 4 = 0$

¿Qué ha pasado para que se anulen? Las desviaciones positivas y negativas se han compensado, ofreciendo la falsa apariencia de que no hubiera variación de resultados. Para evitarlo, debemos operar solo con valores positivos. Hay dos «trucos matemáticos» para lograrlo, considerar valores absolutos o elevar al cuadrado. En el primer caso se obtiene la llamada *desviación media*:

$$Dm_A = (0{,}3 + 0{,}3 + 0{,}3 + 0{,}3)/\ 4 = 0{,}3$$
$$Dm_B = (0 + 0{,}1 + 0{,}1 + 0)/\ 4 = 0{,}05$$

En el segundo caso se obtiene la *varianza*[19].

$$\mathrm{Var}_A = [(-0,3)^2 + 0,3^2 + (-0,3)^2 + 0,3^2]/\ 4 = 0,09$$
$$\mathrm{Var}_B = [0^2 + (-0,1)^2 + 0,1^2 + 0^2]/\ 4 = 0,005$$

Por cualquiera de los dos caminos se concluye que B es más regular que A. Aunque, claro está, la última palabra es del seleccionador.

El ejemplo planteado es tan sencillo que podíamos haber llegado a la misma conclusión por la simple observación de los datos. Pero la realidad suele ser compleja y es entonces cuando se hace más evidente la conveniencia de disponer de unos indicadores estadísticos que resuman de forma sencilla esa complejidad y orienten las decisiones.

Está claro que el deporte es un asunto de números.

19 En realidad se suele calcular la raíz cuadrada de la varianza, llamada *desviación típica*, operación que viene a compensar la distorsión producida por las potencias al cuadrado.

Capítulo 10

CUESTAS Y PENDIENTES

En las construcciones se mide el ángulo de inclinación directamente, en grados, minutos y segundos. Pero en los caminos y carreteras se hace indirectamente, a través de su *pendiente* que es la tangente trigonométrica de dicho ángulo. Sin saber trigonometría, cualquier caminante o ciclista tiene un conocimiento experimental de las pendientes, que a veces se recuerda durante varios días en forma de «agujetas».

¿Qué nos indica una señal como esta?

La señal indica que la pendiente es del 12% o, lo que es lo mismo, que por cada 100 m de desplazamiento horizontal hay un ascenso de 12 m (o un descenso, según cuál sea el sentido del movimiento). En un triángulo rectángulo imaginario, el ángulo de inclinación de la carretera α es un ángulo agudo cuyo cateto contiguo mide 100 (en estos casos es el cateto mayor) y cuyo cateto opuesto mide 12 m (el cateto menor)[20].

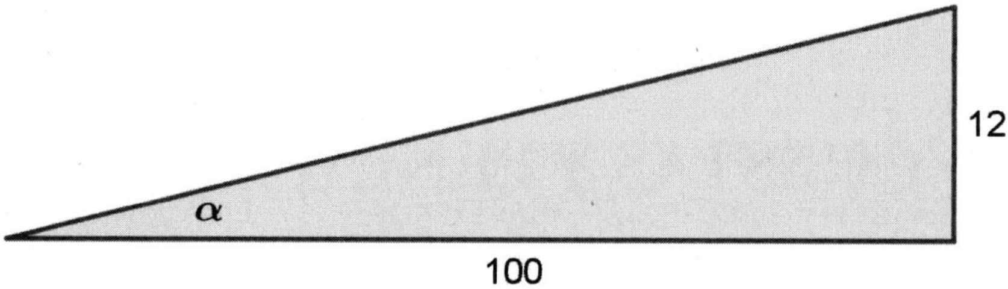

¿Cómo se miden las pendientes en los tramos de carretera? El cateto menor se puede conocer fácilmente con ayuda de un altímetro, como diferencia de altitudes. Pero para el cateto mayor, ¿se perfora cada vez un túnel? Por supuesto que no. Obviamente lo que se mide es lo único posible, el desplazamiento sobre la carretera; es decir, la hipotenusa.

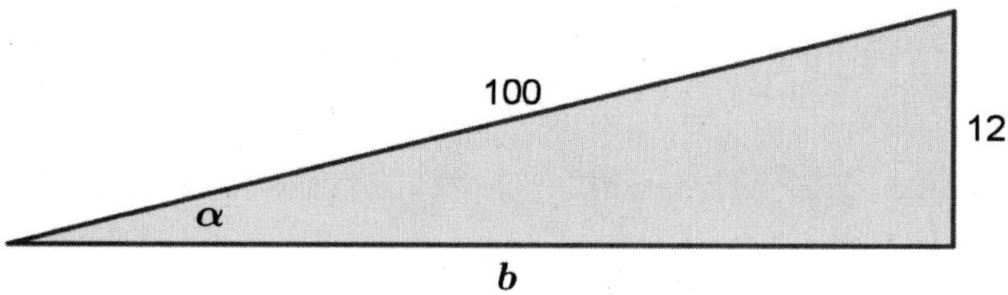

En tal caso, se está cometiendo un error al confundir en un triángulo rectángulo la hipotenusa con el cateto mayor, pero vamos a ver que es un error de poca trascendencia.

---

20 Observemos que el dibujo no está hecho a escala. Si lo estuviera, la hipotenusa y el cateto mayor casi se confundirían. Para poder diferenciarlos, se ha dibujado el cateto menor más grande de lo que le corresponde.

Aplicando el teorema de Pitágoras en el segundo triángulo:

$$b = \sqrt{100^2 - 12^2} = 99{,}277 \text{ m}$$

De modo que la verdadera pendiente de α es:

$$\text{tg } \alpha \approx 12 : 99{,}277 \approx 0{,}1208 = 12{,}08 \ \%$$

Es decir, debido a la obligada aproximación del cateto *b* mediante la hipotenusa, lo que hemos hecho ha sido estimar para la pendiente un valor un poco inferior al real, pero el error cometido es mínimo, en este ejemplo inferior al 0,1%.

Premio de la Montaña

En las pruebas ciclistas, la dureza de un puerto de montaña se mide con su pendiente, bien con la pendiente media (promediando toda la ascensión), bien con la pendiente máxima. Si nos regimos por este último criterio, ¿cuáles son las mayores pendientes que en algún momento han debido subir los ciclistas profesionales? En 2009, el foro de ciclismo APM El Foro de los Puertos de Montaña [18] publicaba el siguiente ranking de dureza (entre paréntesis la fuente):

- 1º Aia por Arizmendi (Vuelta al País Vasco) - 28% (Organizacion).
- 2º Muur de Huy (Flecha Valona, en Bélgica) - 25% (cyclingnews)
- 3º Plan de Corones (Giro de Italia) - 24% (Gazzetta).
- 4º Angliru (Vuelta a España) - 23,7% (APM.)
- 5º Zoncolan (Giro de Italia) por Ovaro - 22% (Gazzetta).
- 5º Koppenberg (Tour de Flandes, en Bélgica) - 22% (Organización).

5º Kitbuheler Horn, Alpenhaus (Vuelta a Austria) - 22% (APM).
5º Xorret de Catí (Vuelta a España) - 22% (APM).
9º Colletto del Moro (Giro de Italia) - 21% (Gazzetta).
9º Montelupone (Giro de Italia) - 21% (Gazzetta).
9º Aia por Arruti (Vuelta al País Vasco) - 21% (Organización).
12º Mortirolo (Giro de Italia) - 20% (APM).
12º Redondal (Vuelta a Castilla y León, en España) - 20% - (APM).
12º Kapelmuur (Tour de Flandes, en Bélgica) - 20% - (climbbybike.com).

Resulta curiosa la presencia en la lista de tres subidas ubicadas en Flandes, zona casi nada montañosa. Se trata de colinas, aunque pequeñas, con tramos de gran pendiente.

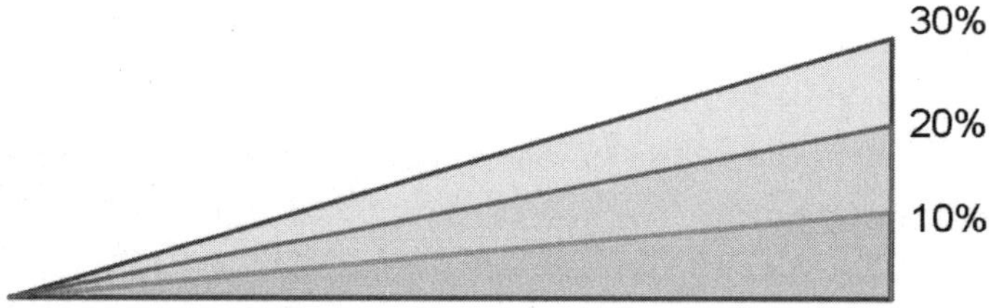

El 7 de septiembre de 2015, la Vuelta Ciclista a España estrenó final de etapa en la Ermita de Alba, ubicada en el término de Quirós (Asturias). Ese verano visité el lugar y quedé pasmado ante las pendientes extremas de la ascensión final. Tras haber coronado 6 puertos (3 de 3ª categoría, 2 de 2ª categoría y 1 de 1ª categoría), los ciclistas llegaban a este puerto de categoría especial, con la meta en lo alto del mismo. Un panel al comienzo del puerto nos da los datos de esta ascensión de dureza extrema: tiene 8,65 km, con una pendiente media del 11,2%. La primera mitad es más uniforme, con pendientes del 10% y 11%. La segunda mitad consta de fuertes rampas intercaladas con descansos. Las 6 últimas rampas tienen pendientes del 20%, 24%, 15%, 21%, 23% ¡y 30%!

Subida a la Ermita de Alba.

Doy fe de que es muy trabajoso subir la rampa del 20% caminando. Ya no quise experimentar con las rampas superiores. Se exige a los ciclistas un esfuerzo inhumano que escapa a lo deportivo. La lucha contra el doping debiera comenzar por la racionalización de las etapas.

Las pendientes del esquí

Otro deporte donde las pendientes son importantes es el esquí alpino, pues establecen la diferencia entre las pistas de descenso y las de slalom. El descenso se realiza en pistas con ángulos de inclinación entre 23° y 30°, lo que equivale a pendientes entre el 42,4% y el 57,7%. El slalom, donde el recorrido está marcado con puertas o palos por donde ha de pasar el esquiador, se efectúa en pistas con un ángulo de inclinación mínimo de 30°; es decir, con una pendiente mínima del 57,7%.

Cuando la pendiente es excesiva, subir o bajar rampas y escaleras también se convierte en algo parecido a un deporte, fatigoso en el primer caso y de riesgo en el segundo. Incluso sentarse a descansar puede serlo (véase la fotografía).

Pendiente del 27%.

Para evitar a los ciudadanos ejercicios deportivos y peligros no deseados pero, sobre todo, como norma de seguridad en caso de evacuación de edificios, el Ministerio de Trabajo y Asuntos Sociales publicó en 1983 la norma NTP46 [19]. Se establece en la misma que «las rampas no tendrán una pendiente superior al 12%». Para las escaleras se dicta que, si llamamos a la altura de cada peldaño A y a su huella horizontal H, la pendiente A/H debe ser constante, cumpliéndose además esta doble desigualdad:

$$60 \text{ cm} < 2 \cdot A + H < 65 \text{ cm}.$$

Puede sorprender la presencia no solo de conceptos geométricos, sino también de una expresión algebraica en la norma oficial. Pero, como veremos más adelante, las matemáticas no faltan en el mismísimo B.O.E. como lenguaje para medidas políticas que pueden encerrar para nuestro bienestar presente y futuro tanto o más riesgo que el de una rampa de más del 12% para nuestras piernas.

Las calles de San Francisco

Si una ciudad tiene las pendientes como seña de identidad es San Francisco (EE.UU.). En sus calles se han filmado muchas persecuciones de coches que saltan y caen con estrépito en cada cambio de rasante.

La ciudad californiana tiene grandes pendientes porque sus urbanizadores impusieron el trazado de las calles según el modelo de damero con manzanas rectangulares, vigente en el resto de la nación. Y ello a pesar de la particular orografía de la ciudad, que presenta 43 colinas de hasta 100 m de altura. Un diseño adaptado al lugar sería otro, con terrazas según curvas de nivel y rampas de conexión entre ellas.

Ese empeño ortogonal generó incomodidades. En Lombard Street hay una pendiente del 27%, que forzó a la instalación de jardineras, creando un zigzag que reduce la pendiente, recurso que conoce cualquier montañero o excursionista. Pasó a ser así la calle más sinuosa de EE.UU. Los coches que por ella descienden ante un público de turistas llegados para admirar el espectáculo, parecen autos de una montaña rusa. Pero no es la calle más empinada de la ciudad. Ese título corresponde a Filbert Street, con una pendiente del 31,5%.

En San Francisco, aplicar un modelo geométrico no fue sinónimo de racionalidad. Pero esa peculiaridad llegó a ser tan querida por sus habitantes que, cuando tras el terremoto de 1906 la ciudad debió ser reconstruida, se opusieron a que se hiciera un trazado diferente, aduciendo que, sin grandes pendientes aquella ciudad ya no sería su San Francisco. Hacer del error orgullo, incluso virtud y atractivo... fue todo un prodigio de transformismo.

Capítulo 11

PRECISIÓN E IMPRECISIÓN

Muchos es mi número favorito.

Woody Allen en Manhattan *(a propósito del sexo).*

Usamos poco los números negativos, apenas tan solo para medir el frío, para las deudas, para rotular sótanos y algunos también en las clasificaciones de los torneos de golf. Nuestra experiencia numérica más usual transcurre con los positivos (precios, recetas de cocina, votos, velocidades, pesos, longitudes, tiempos, edades, goles, análisis médicos, matrículas, vuelos, «cuántas veces» y un largo etcétera). Del cero al infinito, como la oferta de estos dos comercios (Girona y Granada):

Porque aunque nuestras experiencias son finitas, somos capaces de pensar el infinito, tal vez movidos por la promesa de un misterio o por un deseo de plenitud.

¿El siguiente, por favor?

Cuando esperamos nuestro turno en la pescadería, si llevamos el número 9 y se llama al número 6, sabemos que quedan por atender 3 clientes hasta que nos toque. Los turnos son números naturales y sabemos que el *siguiente* al 6 es el 7; el siguiente al 7 es el 8; y el siguiente al 8 es el nuestro, el 9. Pero también sabemos que esa serie de números es infinita. Por elevado que sea un número natural, siempre tiene un siguiente... y así sin fin.

Si embargo, la pregunta ¿qué número es el siguiente del 7,1? no tiene respuesta. Nos veremos tentados de responder el 7,2 pero, dado que ahora estamos hablando de números decimales (en general, números reales), cabe considerar el 7,11, más cercano al 7,1 que el 7,2. Pero, asimismo el 7,101; o el 7,1001... y así sin fin. La búsqueda de ese inexistente siguiente nos precipita en un zoom interminable. Los números reales son también infinitos, pero su distribución es muy diferente a la de los números naturales.

Con esos dos ejemplos tan simples se intuye que hay diferentes clases de conjuntos infinitos. Pero, ¿cómo llegar a comprender algo tan inabarcable?

El infinito es... demasiado

El infinito es el lugar donde suceden las cosas prohibidas
Stephen Knight (1951-1985)

El infinito escapa a nuestra intuición. Asomarse a él provoca asombro y aún desasosiego, el vértigo de la razón. Pero el intelecto humano se ha arriesgado a ello, convirtiendo cada perplejidad en un nuevo conocimiento. Los números han sido el campo propicio para esta aventura. Así, sabemos que:

- Hay tantos *números naturales pares* (0, 2, 4, 6...) como *números naturales* en total (0, 1, 2, 3...). Basta con asociar cada natural con su doble (0 → 0, 1 → 2, 2 → 4, 3 → 6, etc.) y tendremos todos los elementos de ambos conjuntos perfectamente emparejados (sin que ninguno quede sin pareja ni ninguno sea pareja de dos), al igual que lo están los botones y los ojales de una chaqueta. Por lo tanto, hay tantos de los unos como de los otros. Se dice que entre ambos conjuntos hay una *correspondencia biunívoca.*

  De forma parecida, se puede ver que hay tantos naturales (positivos) como *números enteros* (positivos y negativos; ... -3, -2, -1, 0, 1, 2, 3...).

  Se dice que los anteriores son *conjuntos infinitos numerables* (aquellos que pueden ponerse en correspondencia biunívoca con los naturales). En estos conjuntos, como hemos visto, una parte puede ser tan grande como el todo. Esto parece cosa de locos. Respiren hondo antes de seguir...

- Aunque de forma genérica representamos el infinito con el símbolo de la *curva lemniscata* ∞, George Cantor (1845-1918) distinguió varios tipos de infinito. Al *cardinal* (número de elementos) de los conjuntos infinitos numerables lo llamó «aleph sub cero», cuyo símbolo es $\aleph_0$. Aleph es la primera letra del alfabeto hebreo y para la Cábala es símbolo de la divinidad. Su grafía representa una figura humana que señala a la vez al cielo y a la tierra y resulta muy simbólico cuando se está hablando del infinito de los números naturales; a la vez de algo que se tuvo por divino y de esos números simples que en la infancia empezamos a contar con los dedos; el mundo superior reflejado en el mundo inferior; la plenitud accesible al empeño humano.

Aleph y George Cantor.

Su aritmética depara nuevas sorpresas. En los ejemplos anteriores vimos que:

$\aleph_0 : 2 = \aleph_0$

Además: $\aleph_0 + \aleph_0 = \aleph_0$

$\aleph_0 \cdot n = \aleph_0$

$\aleph_0^{\aleph_0} = \aleph_0$

Cantor fue más allá.

- Los *números reales* son todos los que expresan una posible posición sobre la recta graduada, a izquierda (negativos) o a derecha (positivos) del cero, y rellenan todos sus puntos. En ellos cualquier intervalo es tan grande como el conjunto completo. Por ejemplo, hay tantos números reales entre 0 y 1 como en toda la recta real. Se demuestra proyectando toda la recta sobre ese intervalo y también en este caso los números de uno y otro conjuntos quedarán biunívocamente emparejados. El suyo es llamado un *infinito continuo.* Su cardinal fue llamado por Cantor como «aleph sub uno», $\aleph_1$.

– Solo con los ejemplos anteriores parecería que los infinitos sean fácilmente clasificables en dos tipos. De una parte, el infinito numerable, el de aquellos conjuntos cuyos elementos podemos imaginar separados y alineados en fila como los naturales, siendo posible para cada uno identificar su siguiente. Por otra parte, el infinito continuo, el de los conjuntos caracterizados por la acumulación de sus elementos, como los puntos en la recta; es decir, como los números reales. Entre cada dos números reales podemos encontrar infinitos otros, propiedad llamada *densidad* y en ellos no existe un siguiente.

Infinito numerable y existencia del siguiente de un lado, como en los naturales; del otro, infinito continuo y densidad, como en los reales. Pero el asunto no se zanja tan rápido. Los números racionales van a refutar esa cómoda suposición.

– Los *números racionales* son aquellos que se pueden expresar en forma de fracción de dos números enteros o también en forma decimal con parte decimal exacta o periódica (Por ejemplo: 2/5 = 0,4 , 1/3 = 0,333... , 7/110 = 0,0636363...).

Dado que cualquier número entero se puede poner en forma de fracción (por ejemplo, 5 = 5/1) y que hay muchos números racionales que no son enteros (por ejemplo, 2/3 es racional y no es entero), parece que debería haber muchos más racionales que enteros. Sin embargo, Cantor consiguió emparejarlos biunívocamente. Así que hay tantos racionales como enteros. En consecuencia, el de los racionales es un infinito numerable, con cardinal $\aleph_0$.

A su vez, entre cada dos racionales podemos encontrar infinitos de ellos. Basta calcular sus medias aritméticas sucesivas (Por ejemplo: Entre 1/2 y 1/3 está su media, 5/6; entre 1/2 y 5/6 está su media, 4/3; y así sucesivamente). Así que en los racionales se cumple la propiedad de densidad.

En resumidas cuentas, siendo los racionales un conjunto infinito, comparte algo con los naturales, ser numerable; pero también comparte algo con los reales, la densidad. De modo que ya no cabe identificar ser numerable con tener siguiente, ni ser continuo con la densidad. Nuestra anterior aproximación a las características de los infinitos simplificaba en exceso.

- El infinito numerable es inferior que el infinito continuo ($\aleph_0 < \aleph_1$). Está claro que hay muchos menos números enteros que números reales. ¿Y qué ocurre con los *números irracionales*? Recordemos que así se llama a los decimales ilimitados y no periódicos, como el célebre número π = 3,141592...).

  También hay muchos menos números racionales que irracionales. Pensemos que las cifras decimales se obtuvieran lanzando infinitas veces un dado de diez caras numeradas. Es mucho más probable obtener así un número irracional, sin periodo de repetición, que uno racional. Entonces, ¿no podría ser que el de los irracionales fuera un infinito de orden superior al numerable pero inferior al continuo? ¿Habrá alguna clase de infinito entre esos dos? En 1878 Cantor enunció la *Hipótesis del Continuo*, según la cual no existe ningún infinito entre ambos, ningún cardinal entre $\aleph_0$ y $\aleph_1$. En 1963, Paul Cohen (1934-2007) demostró que tal cosa no puede probarse. Bien pensado, Tiene su «miga», demostrar que algo no se puede demostrar...

- Insaciable en su curiosidad, Cantor aún siguió preguntándose: «¿Habrá infinitos de orden superior al continuo?» Y se adentró en los números transfinitos: $\aleph_2$, $\aleph_3$... Pero ese es asunto que ya no abordaremos.

Habrá quien piense: «¡Menudo lío organizó este Cantor!». David Hilbert (1862-1943) era de otra opinión: «Nadie nos expulsará del paraíso que Cantor ha creado para nosotros». Lidiando con conceptos tan sutiles y escurridizos, para algunos cercanos a la locura, llevó el conocimiento humano a terrenos que hasta entonces se suponían reservados a los dioses[21].

Atrevidos con el infinito

Con propósitos menos sublimes, hay quienes en asuntos cotidianos se refieren al infinito. Pero la precisión contable y el infinito parecen estar reñidos. Sin embargo, el Presidente de la patronal Cepyme, se atrevió con ambos en referencia al acuerdo con los sindicatos para una subida de salarios hasta el 1%. Dijo: «Cada empresa a la hora de negociar podrá plantear, en función de su situación económica, desde menos el infinito hasta el 1%" en Cinco Días (13-05-2015). ¿Subidas salariales negativas? Más que una precisión matemática diríase una amenaza…

Pensar en lo infinito provoca vértigo intelectual. Hay que ser cautos, para no errar como hicieron en este restaurante (hoy cerrado) de nombre grandilocuente. Pretendieron el infinito (∞) y se quedaron tan solo en el ocho (8).

21 Lo veremos en breve.

Mucho antes de que Cantor se atreviera a investigar sobre los conjuntos infinitos, la tradición religiosa ya trataba con ello. Escribió San Agustín: «Solo Dios y sus pensamientos son infinitos».

La primera vez que, en mi más tierna infancia, oí hablar de lo infinito fue como duración de las penas del infierno. Sobrecogido, no lograba asociar un castigo infinito con una culpa finita. La aritmética divina siempre ha sobrepasado mi entendimiento. Precisa de la fe, como queda patente en algunos santuarios y lugares de culto.

En el Real Monasterio de Santa María de Guadalupe, en Guadalupe (Cáceres), hay un cuadro que escenifica un milagro. Al pié del mismo, su explicación.

> El año 1412 fue muy falto de pan en toda España por haber casi más de seis años que casi no llovía y acudieron infinitos pobres a esta santa casa. El Prior, que era nuestro P.Fr. Gonzalo de Ocaña hizo tanteo del trigo y harina y halló que aún no había para comer en el convento tres semanas. Pero confiando en Ntra. Sra. mandó se diese a todos pan y carne en abundancia. Acudió Ntra. Sra. a la fe de su siervo aumentando la harina de manera que duró hasta la cosecha del pan que fue casi un año cociéndose cada día más de 8000 panes.

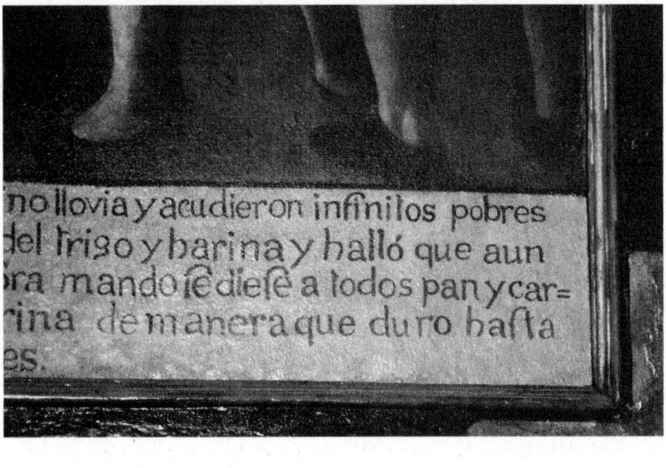

La pobreza fue (y es) un mal muy extendido, pero «infinitos pobres» son demasiados. De haber sido tantos, todavía estarían acudiendo... En cualquier caso, puestos en fila podrían ser numerados: 1, 2, 3, 4, etc. Habría tantos como números naturales. El suyo sería un infinito numerable.

Si embargo, en la Basílica de Santa Engracia de Zaragoza, una placa nos informa de que los mártires que yacen en su cripta son innumerables.

Este caso es todavía más milagroso que el de Guadalupe. No solo parece decirse que los mártires sean infinitos, sino que su infinito no es numerable. Según eso, como los números reales, entre cada dos mártires habría infinitos de ellos.

Pero sabido es que en el lenguaje común «innumerable» no se usa como término matemático, sino como sinónimo de muy numeroso. Así que, intrigado por el caso, busco información histórica y conozco que en el año 303 el Emperador Diocleciano decretó una cruel persecución a los cristianos. La santa Engracia fue martirizada junto a otros. Todos ellos yacen en esta cripta y son 18, un número finito y bastante moderado para lo que anuncia la placa. Fácilmente se pasa de la devoción a la exageración.

Sin milagros ni martirios, lejos de esos sobresaltos, el conjunto de los números positivos que las personas normales llegamos a manejar con frecuencia está bastante limitado. Por lo general, nos basta con números no muy grandes, naturales y racionales con dos decimales (y esto último, a causa del euro).

Los órdenes de magnitudes inferiores a las centésimas o a las milésimas son poco usuales y con ellos a menudo se yerra. Le ocurrió al ciclista Alberto Contador el 30-09-2010 en una rueda de prensa para explicar su supuesto dopaje por clembuterol[22]. Dijo: «Es una muestra que se hizo el día 21 por la tarde en la que aparecía una millonésima parte de clembuterol, 0,00000000005 gramos por mililitro». De ser así, 1 ml. de sangre pesaría un millón de veces más, 0,00005 gr. Es decir, 1 l. de sangre pesaría 0,05 gr. y para tener 1 kg de sangre serían necesarios 20.000 litros. Los errores decimales son más evidentes cuando los trasladamos al orden de las unidades.

Produce sorpresa la precisión con muchos decimales, sobre todo si hablamos de dinero. Le ocurrió a mi amigo Fernando, contribuyente de la ONG Cáritas, cuando recibió el certificado anual de aportaciones:

> Que D/Dª , titular del N.I.F. , entregó durante el ejercicio 2009 a esta Institución, un importe total de 72,12000000000005 €, en concepto de donativo con carácter irrevocable con destino a la realización de las actividades de asistencia social propias de Cáritas.

No sé cómo pudo Cáritas llegar a cobrar menos de un céntimo. Tanta precisión abruma. Es lo que de forma interesada utiliza cierta publicidad, como la de este producto antiarrugas que se vende en farmacias[23]:

22 Un caso dudoso pues ese anabolizante, potenciador de la masa muscular, carece de beneficios para el deporte de fondo.

23 Claudi Alsina [20] comenta un caso similar.

¡Qué poder tan persuasivo tienen los números entre las personas anuméricas! El 38%, oiga, ni más ni menos. Confieso mi ignorancia en la ciencia de la arruga y me pregunto: ¿Cómo se calcula la reducción de arrugas? ¿A través de qué parámetro? ¿Número, longitud, profundidad, coloración, visibilidad? ¿Mediante otra cualidad?

Los 99 céntimos

Para la mayoría de la gente, la aritmética con decimales estaba bastante olvidada hasta que en 2001, con la llegada del euro, volvimos a acostumbrarnos a operar con céntimos. Aunque lo más habitual sea que estos sean múltiplos de 5, lo cual facilita mucho la tarea. Los comerciantes usan esos precios terminados en 0 o en 5 sobre todo para simplificar los cambios. Pero hay una excepción, la de los precios con el «efecto psicológico del 9». Por ejemplo, se vende un producto a 9,99 € para evitar pasar a la decena. Todos sabemos que para nuestro poder adquisitivo es prácticamente igual que si se vendiera a 10 €. Pero algo funciona en nuestro subconsciente para que sea más apetecible ese precio, tan solo 1 céntimo inferior. Aunque no siempre esa clase de precios es bien ofertada. A veces encontramos anuncios como este:

Si esos precios anunciados son «desde 3,99 € o desde 6,99 € o desde 9,99 €», entonces bastaría con decir que hay precios desde 3,99 €. Y pueden llegar… hasta cualquier precio. Lo de 6,99 € y lo de 9,99 € no aporta nada.

En lenguaje matemático se diría que se trataba de una *unión* de intervalos de precios y se escribe:

$$(3{,}99\ ,\ \infty) \cup (6{,}99\ ,\ \infty) \cup (9{,}99\ ,\ \infty) = (3{,}99\ ,\ \infty)$$

Pero cabe otra posibilidad. Si esos precios son, a la vez, «desde 3,99 € y desde 6,99 € y desde 9,99 €», entonces en realidad los precios son desde 9,99 €. Y nuevamente pueden llegar… hasta cualquier precio.

En lenguaje matemático se diría que se trata de una *intersección* de intervalos de precios y se escribe:

$$(3{,}99\ ,\ \infty) \cap (6{,}99\ ,\ \infty) \cap (9{,}99\ ,\ \infty) = (9{,}99\ ,\ \infty)$$

En definitiva, según que se interprete con los conectores lógicos «o» o «y», ese cartel se resume en «Todo desde 3,99 €» o «Todo desde 9,99 €». Además, como en cualquiera de los dos casos es «desde» podríamos encontrar precios increíblemente caros.

Claro, que si lo que quieren decir es que los artículos solo tienen esos tres precios, entonces sobra el «desde». Más que una oferta, es un enigma.

Algo similar ocurre en aquellos bazares chinos que anuncian «Todo a 0,60 €, 1 €, 2 €, 3 € y más»; y también «Todo desde 0,60 €» (desde 0,60 € a infinito). Dicho de otra forma: «Precios sin límite».

Multas al céntimo

No solo pagamos los precios de nuestras compras. También lo hacemos, a nuestro pesar, cuando somos multados. Dado que no suelen ser pequeñas, parece esperable que las multas sean múltiplos de diez, que acaben en ceros (¡qué son unos pocos euros en comparación con el castigo que nos cae!). Pero no siempre es así.

Al comienzo de un DVD de cine comercial, la advertencia legal avisa contra la piratería audiovisual que es castigada, según prevé el artículo 270 del Código Penal, «con penas de hasta 4 años de cárcel y multa de hasta 216.364 euros». Ese número, ¿obedece a un capricho del legislador? No, simplemente se debe a la adaptación al euro de una anterior sanción en pesetas. ¿Cuánto es esta multa en pesetas?

Como 1 € = 166,386 ptas, 216.364 € = 35.999.940,50 ptas.

Así que la multa fue legislada a la manera usual, con seis ceros: 36 millones de pesetas. Cuando un tiempo después se adaptó la ley a la nueva moneda, lo que procedía hacer era: 36.000.000 ptas. = 216.364,358 € ≈ 216.364,36 €

Fueron magnánimos y perdonaron los céntimos.

Quien no está dispuesto a perdonarlos es el Gobierno de Extremadura. Vean si no:

Una gran afición

En muchas ocasiones no se necesita una precisión extrema y es suficiente con hacer una buena estimación, fácil de retener en la memoria… pero que sea aproximada a la realidad. No lo tuvo en cuenta el periodista que publicó el siguiente titular, a propósito del próximo partido de fútbol entre los equipos del Real Zaragoza y del Castellón:

el Periódico de Aragón Deportes Titulares Boletín

Noticias Deporte Crónicas Más actualidad Multimedia Motor Servicios

El día en imágenes Vídeos Galerías de fotos

EL DESPLAZAMIENTO.

Medio millón de aficionados del Castellón

08/11/2008

Compartir:

</> Insertar Enviar Valorar Ver. PDF

A- A+ 19

En Segunda no es habitual los desplazamientos masivos a estas alturas de la Liga, pero la cercanía entre Castellón y Zaragoza hará que

Edición en PDF

El aforo del Campo Municipal de La Romareda es de 35.000 espectadores. Como ese medio millón previsto en el titular no cabe, los restantes 465.000 tendrían que invadir el terreno de juego, cuya superficie son 7.276 m^2, a razón de ¡64 aficionados por m^2!... y el partido quedaría suspendido. Un verdadero desastre. Pero, tranquilicémonos, la ciudad de Castellón de la Plana tiene una población total de 173.841 habitantes (censo de 2014). Así que desconfiemos de ese titular. ¿No sería medio millar? El sentido común también incluye el sentido numérico y este es exigible a los periodistas.

Dos estilos

Sin llegar al infinito, la dificultad con los grandes números está bastante extendida. Hay quien la esquiva, utilizando para ello un sistema de unidades propio, no bien definido:

Es esa una actitud que nada tiene que ver con la sutileza cervantina:

> ... siendo infinitos los sujetos hermosos, infinitos habían de ser los deseos. Y, según yo he oído decir, el verdadero amor no se divide. *El Quijote* (14, I).

Capítulo 12

MATEMÁTICAS CALLEJERAS

Que las matemáticas están en las calles no es un eslogan, sino algo que tiene realidad hasta en los nombres de algunas de ellas. Tanto en Albacete como en Coimbra (Portugal) podemos pasear por su Calle de las Matemáticas.

Homenajes

Otras veces encontramos calles dedicadas a grandes matemáticos, universales o hijos del lugar [21].

Londres.

Madrid.

Terrasa.

Logroño.

Zaragoza.

Boston.

Clermont Ferrand.

Zaragoza.

El máximo homenaje a un ilustre matemático por parte de su localidad natal se dio en La Haye en Touraine (Francia), cerca de Tours, cuna del gran René Descartes (1596-1650), también filósofo. En 1967 la villa cambió su nombre y ahora se llama Descartes.

En 2001, en la capital extremeña, Mérida, una protesta vecinal detuvo la iniciativa municipal de cambiar el nombre de la Avenida de Pitágoras por el de un político regional. Me queda la duda de saber si movía a los vecinos la admiración por el sabio de Samos o el rechazo al político.

Calles y plazas para repasar conceptos

No faltan calles cuyos nombres coinciden con conceptos matemáticos. La barcelonesa Avenida de la Diagonal, como su nombre indica, traza una diagonal en el pentágono irregular que delimita el Ensanche ideado por Ildefonso Cerdá en 1860. Aquel diseño urbano es un ejemplo emblemático de ciudad ortogonal, cuyas calles trazan una cuadrícula perfecta solo interrumpida por la citada Diagonal y por la Avenida Meridiana, que sigue la dirección norte-sur de un meridiano terrestre (perpendicular a la Avenida del Paralelo; esta en dirección este-oeste, como todo paralelo terrestre). Es un diseño racional culminado con una nomenclatura racional.

Descriptivos son también los nombres de la Plaza Elíptica (Madrid) y de la Plaza Octógono (Budapest).

De vuelta a Barcelona, su Barrio Gótico alberga la singular Plaza Milans [22]. A pié de calle se aprecian muchas esquinas para un espacio tan pequeño. Alzando la mirada al cielo, vemos con más nitidez, recortado en el azul, su especial contorno, un polígono regular de 15 lados. En 1856, el arquitecto municipal Daniel Francés Molina ideó esta solución para dar más luz a un vértice de la angosta calle Milans. Aunque no sea su nombre oficial, para el turista matemático es la Plaza Pentadecagonal, aunque popularmente es llamada la Plaça Rodona (Plaza Redonda). Ciertamente, un pentadecágono regular se aproxima bastante a un círculo.

Granada

En el zaragozano barrio de Casetas es posible vivir en el límite…

…pero no se esperen por ello grandes emociones, es un límite finito.

Esto nada tiene que ver con el cálculo diferencial. En su día esa calle marcaba el final del barrio. De ahí el nombre.

En la localidad oscense de Abiego las paralelas se cortan, ofreciéndonos una experiencia de geometría no euclídea.

Sin nombre, pero con número

Conocemos por las películas que en Manhattan [23] las calles y avenidas no tienen nombres sino números. «Lléveme a la Calle 33 con la 5ª Avenida» dice el viajero al taxista (en tal caso llegará a los pies del Empire State Building). Es debido a que todas sus calles son paralelas y también lo son entre si todas sus avenidas, siguiendo unas y otras dos únicas direcciones perpendiculares que forman manzanas rectangulares. Ambos tipos de vías llevan numeraciones correlativas. Como es de esperar, la Calle 33 está entre la 32 y la 34, mientras que la 5ª Avenida está entre la 4ª y la 6ª. Eso da lugar a una geometría diferente que se ha dado en llamar «geometría del taxista», donde rige la también llamada «distancia Manhattan». Por ejemplo, en ella el camino más corto entre dos puntos no suele ser recto (no podemos atravesar edificios) ni tampoco único. Volveremos a ella en un capítulo posterior.

Es un sistema que facilita la localización y el trazado de rutas en la ciudad, pero que le quita encanto. Personalmente, prefiero poder perderme en mis paseos y de forma inesperada alcanzar la Calle de la Luz; o comprobar que el Callejón del Desengaño no tiene salida; sugestivas experiencias imposibles en calles numeradas.

La numeración de las calles no se encuentra solo en la Gran Manzana, la hay incluso en pequeños municipios como Villarquemado (Teruel). Eso sí, solo desde la Calle Uno a la Calle Nueve, todas paralelas (sin cruces entre ellas, no como en Abiego).

Villarquemado

Hasta hace poco también había numeración en el callejero del Parque Tecnológico del Reciclado, en las afueras de Zaragoza, pero era algo peculiar. Por ejemplo, no respetaba el orden numérico (la Calle Veinticinco se encontraba entre las calles Uno y Trece, paralela a ellas); la numeración daba saltos (estaban seguidas las calles Quince, Dieciseis, Diecinueve y Veintiocho); se cruzaban la Veinticuatro con la Catorce; etc. Recientemente aquel caos numérico ha sido cambiado por nombres de elementos químicos, tal vez por las quejas de cuantos allí se perdían.

Siguiendo en Zaragoza, el rótulo del Callejón de las Once Esquinas da minucioso testimonio de todos los recovecos que en ella encontramos, aunque a grandes rasgos diríase que solo traza un ángulo recto.

Por si acaso, parece que en Briones (La Rioja) hubieran preferido no precisar y que se conformaron con una aproximación.

Briones.

Capítulo 13

LAS REBAJAS, TERRITORIO MATEMÁTICO

Hace años, un titular de prensa (*Ideal de Granada,* 28/12/2006) decía:

> Los ingleses no saben contar. El Gobierno británico envía asesores a las rebajas, ya que la cuarta parte de los ciudadanos ignora las nociones básicas para entender las ofertas.

Parecería un titular sensacionalista, si no fuera porque, sin salir de España, cuando vamos de rebajas escuchamos diálogos entre vendedores y clientes que lo corroboran. Diálogos como el siguiente, totalmente real:

Vendedora: *Esta chaqueta, que costaba 80 euros, está rebajada un 30%.*
Cliente: *No sé...*
Vendedora: *Un descuento de 30 euros está muy bien.*

O como este otro:

Vendedor: *En la Primera Rebaja bajamos los precios un 30%. En la Segunda Rebaja los hemos bajado un 20%.*
Clienta: *¡Qué ganga, a mitad de precio!*

En el primer diálogo, solo sería acertada la sentencia de la vendedora si el artículo tuviera un precio inicial de 100 €, pero siendo su precio menor, ese 30% no llegará a los 30 €. En el segundo, el vendedor incurre en un error bastante usual, consistente en acumular indebidamente porcentajes que se refieren a cantidades distintas (si el 30% era sobre el precio inicial, el posterior 20% es sobre el precio ya rebajado). Las conocimientos necesarios para moverse en las Rebajas sin cometer esos deslices son bien simples; porcentajes para hacer cálculos y sentido común para evitar la compra compulsiva de productos innecesarios.

Ojo a las ofertas

Lo primero es leer con detalle las ofertas. Que un precio se escriba más grande no significa que sea más barato...

Otras veces, a la vista del descuento concluimos que, como suele decirse, «para ese viaje no hacían falta alforjas»...

Lean la letra pequeña de la siguiente oferta:

Pasar de 200 g por 1,81 € a 150 g por 1,65 € no parece una mejora. Analizar esta oferta requiere un mínimo ejercicio numérico, o simplemente fijarse en la leyenda «El kilo le sale a…», que está en letra todavía más pequeña. Se diría que la empresa confía en que el *anumerismo*[24] del consumidor o su aversión a los cálculos[25] le llevarán a aceptar la oferta sin evaluarla. En realidad no se trata de publicidad engañosa, ya que se da toda la información, sino de ventajismo aprovechando la pereza numérica. Algo de eso parece haber también en esta curiosa oferta:

---

24 Término acuñado por John Allen Paulos [24], aún no reconocido por la R.A.E. pero muy extendido en publicaciones matemáticas.

25 Aritmofobia la llaman los psicólogos.

¿Por qué no se dice «el 25%» sin más? Supongo que, dado que el 50% es un gran descuento, al enfatizar por dos veces «el 50%» algún posible comprador tal vez piense que se le está haciendo un descuento todavía mayor... ¿Gratis tal vez?

La mejor opción

Comparen ahora la anterior oferta con estas otras tres:

¿Cuál de las cuatro es la que más conviene? Si nos guiamos por el porcentaje de descuento que cada una supone, obtenemos, por orden: 25%, 25%, 25% y 33,33%. Parece que el 3x2 sea la mejor. Estoy de acuerdo si se trata de comprar algo que tarde o temprano se consume; por ejemplo, paquetes de arroz. Pero si lo que queremos comprar es algo menos habitual, por ejemplo un colchón, ¿qué hacemos con los dos colchones sobrantes? El objetivo de este tipo de ofertas es inducirnos a comprar en mayor cantidad. De esa forma, tal vez la oferta con mayor descuento no sea la mejor. En el caso del colchón, les aconsejaría la rebuscada oferta con descuento del «50% del 50%». No nos obliga a comprar más de lo que necesitamos.

El anterior tipo de ofertas es muy habitual en hipermercados. Una importante cadena de ellos emitía en TV esta campaña de publicidad:

> Primero creamos el 3 x 2. Después, la segunda unidad a mitad de precio. Y ahora, Carrefour anuncia en exclusiva el descuento 20-30, una promoción más flexible para ti que, como siempre en Carrefour, convierte tu compra en ahorro. ¿Qué compras dos paquetes de detergente?, te hacemos un descuento del 20% en los dos. Que compras tres o más, te hacemos un descuento del 30%.

Es decir, primero pasaron de un descuento del 33,33% a otro del 25%. Después, a otro en el que la compra de 2 productos supone un descuento del 20% (antes del 25%); y la compra de 3 productos, un descuento del 30% (antes del 33,33%). Mejor que no sigan inventando.

Haz tus cuentas

Suelen darnos las cuentas hechas. Cuidado con ello…

Y otras veces un pequeño detalle, la falta de una coma por ejemplo, puede suponer lo imposible:

Nunca vi pollos de 916 kg… ¡casi una tonelada por bicho!

Claro, que a un pollo normal se le puede sacar mucho partido, si se consigue hacer un uso de los porcentajes tan «creativo» como el de este anuncio:

Si tenemos 100% de pollo, tendremos ese pollo y vale. Para el doble, necesitaríamos un 200%. Pero eso ya son dos pollos.

Porcentajes acumulados

Aquel error de la clienta que razonaba «30% primero y 20% después es un 50%» es el error de los *porcentajes acumulados*. A veces lo encontramos incluso en titulares de las «prensa seria», tratando otros temas. En su edición del día 30-12-2000, el diario El País publicaba la siguiente noticia:

> El precio de la vivienda no encuentra techo. El año que ahora termina, el precio medio de la vivienda nueva en las capitales de provincia subió una media del 12,5%. Se trata de la mayor subida de toda la década, desde el anterior boom inmobiliario de los años ochenta. En 1997 subió un 3,4%, un año después lo hizo en un 5,1% y en 1999 la cifra se aceleró al 9%. Es decir, un 30% en cuatro años.

Invitamos al lector a hacer el cálculo correcto. La solución, a pié de página[26].

De nuevo en Rebajas, de ese mismo tipo es el error del «Día sin IVA» cuando se anuncia así:

26 Considerando el precio inicial = 100, el precio final es: 100 · 1,125 · 1,034 · 1,051 · 1,09 = 133,26. La subida del precio de la vivienda en esos 4 años fue del 33,26%. Es un dato que ayuda a entender algo del *crash* inmobiliario que después vendría.

Subir primero un 21% (121%) y descontar luego un 21% (79%), aunque suene a operaciones inversas que se compensan, no nos devuelve al precio previo al IVA. En efecto:

$$100 \cdot 1{,}21 \cdot 0{,}79 = 95{,}59$$

En realidad, la oferta del «-21%» no supone «quitar el IVA», sino quitar el IVA y, además, un ahorro añadido del 4,41% sobre el precio inicial.

Cuando vi ese anuncio, pensé que tal vez no fallase la operatoria del cobro, sino solo el anuncio y por ello pregunté en la Caja. Me aseguraron que, tal y como se anuncia, descontaban el 21% al precio con IVA. Conclusión: Aprovechen la oferta. Tal vez para no pillarse los dedos, la cadena DIA anuncia su «Día sin IVA» de esta otra forma: «Descuento equivalente al importe del IVA aplicable a cada producto». «Y el que quiera saber qué porcentaje de descuento es ese, que lo calcule él mismo», podrían añadir

Está claro que en cuestión de precios el razonamiento matemático es muy necesario. Pero que ello no nos haga olvidar que no todo tiene precio, ni mucho menos está en Rebajas. De hecho, es vieja sabiduría que «solo el necio confunde valor y precio».

Capítulo 14

FALSOS CUBOS… O NO

La gente llama «cubos» a construcciones que, a la vista, son diferentes entre si. Cuando oigan hablar de un edificio como «el cubo» obsérvenlo bien y saquen conclusiones. Veremos cuatro ejemplos y responderemos a esta pregunta: ¿Cuáles son cubos y cuáles no? Recordemos que un *cubo* o *hexaedro* es un poliedro regular formado por 6 caras cuadradas, todas ellas iguales entre sí. Tiene 8 vértices, en cada uno de los cuales concurren 3 aristas; y en total 12 aristas, todas iguales. En el cubo, todos los ángulos son rectos.

En la zaragozana Plaza de La Seo, delante de la catedral, se construyó en 1989 un moderno edificio que cubre el acceso al subterráneo Museo del Foro de Caesaraugusta, recuerdo del origen romano de la ciudad. Pronto fue objeto de una doble polémica. De una parte, por el elevado coste de su recubrimiento en ónice, traído desde Irán, siendo que la región es productora de alabastro. De otra, la supuesta ruptura estética con respecto al entorno que, según algunos, provoca. Se abrió un debate en los medios de comunicación locales acerca del que repetidamente se llamó «Cubo de La Seo». Aparte del asunto que se debatía, quedó en evidencia, tanto en los defensores como en los detractores del supuesto «cubo», la falta de ejercicio de una elemental «mirada matemática» que hubiese evitado un nombre tan inapropiado.

«Cubo» de La Seo.

A pié de calle, colocados frente a una arista vertical, pronto se sale de dudas (si en algún momento las hubo). El ángulo formado por las dos caras que se cortan frente a nosotros en modo alguno es recto, sino agudo. Por lo tanto, las bases no pueden ser cuadradas ni este cuerpo geométrico ser un cubo. La foto aérea termina por sacarnos de dudas. La base superior es un rombo (cuadrilátero con los cuatro lados iguales) y, dado que las caras laterales son rectangulares, el famoso «Cubo de La Seo» en realidad es un prisma de bases rómbicas. Es el «Prisma de La Seo».

Pero puede ser que aún siendo todos los ángulos rectos, las aristas no sean iguales. Ocurre en esta cafetería de Alfaro (La Rioja):

En este caso, El Cubo no es un nombre popular, sino el oficial. A pesar de lo cual, siendo sus caras rectangulares, se trata de un prisma rectangular u ortoedro.

Prismas rectangulares son la mayoría de los edificios y también lo es una vivienda unifamiliar de diseño, con paredes espejadas, a la que el portal inmobiliario Idealista dedicaba un artículo (12-05-2017), bajo el titular: «No te imaginas la sorprendente casa que se esconde detrás de este cubo de espejos». Parece ser que, para muchos, «cubo» es cualquier prisma.

Imagen: ÖÖD.

De vuelta a Zaragoza, a corta distancia del Museo del Foro, en la Plaza del Pilar, encontramos el «Cubo de Turismo», así llamado porque alberga la Oficina Municipal de Turismo. Advertidos por los anteriores equívocos, examinamos con detalle los ángulos y medimos las aristas. Sí, este es un cubo, donde cada ángulo mide 90° y cada una de las caras acristaladas es un cuadrado 11x11, tomando el lado de las baldosas como unidad de medida.

«Cubo» de Turismo.

En la misma ciudad, otro «cubo» se encuentra en La Romareda, junto al campo de fútbol y albergó la Gerencia de Urbanismo del Ayuntamiento, lo cual le dio nombre popular, el «Cubo de Urbanismo». Observamos el cuerpo principal del edificio. Todos los ángulos son rectos, así que solo nos queda comprobar si las aristas son iguales. Pero contamos 8 cristales a lo ancho y 9 cristales a lo alto. En tal caso, las caras no parecen ser cuadrados sino tan solo rectángulos. ¿Se trata de un trampantojo arquitectónico? ¿Un cuerpo geométrico que parece un cubo pero no lo es?

«Cubo» de Urbanismo.

Asegurémonos y, para ello, midamos esas aristas de extremo a extremo, sin contar cristales. Comprobamos que las aristas son iguales. De modo que las caras sí son cuadradas y el edificio sí es un cubo.

¿Cómo se explica entonces que las caras nos pareciesen rectángulos 8x9? Sencillamente, porque los cristales, aparentemente cuadrados, no lo son. Esos cristales tienen proporciones 9x8. Para facilitar los cálculos, supongamos que cada cristal midiese 90 cm a lo ancho y 80 cm a lo alto (en realidad son mayores).

Entonces, a lo ancho cada cara mediría: 8 · 90 cm = 7 m. Y a lo alto: 9 · 80 cm = 7m.

Diríase que el arquitecto ha jugado con la apariencia de las caras para que el paseante indiferente las vea como «grandes cuadrados rellenos de cuadraditos». La mirada matemática nos ha revelado sus dos engaños: hay diferentes números de cristales a lo ancho y a lo largo, pero también hay en cada uno de ellos diferentes medidas en sus dos dimensiones. En la lógica formal, la doble negación es una afirmación. En este caso, un doble engaño geométrico ha resultado ser una verdad.

Todo el mundo cree saber qué es un cubo, pero no todo lo que así se llama lo es. Así ocurre con tantas cosas de las que estamos tan seguros.

Capítulo 15

ES CAPRICHOSO EL AZAR

Admiramos lo extraordinario, aunque la atribución de esa categoría a un hecho a menudo no depende tanto del hecho en si mismo como del contexto del observador. Los Mashco Piro son una tribu nómada que habita entre Perú y Brasil, sin contacto con el mundo exterior, y que fue avistada por vez primera en 2011. Conversar a través de nuestro inseparable teléfono móvil sería extraordinario para ellos; mientras que sobrevivir en la selva amazónica por nuestros propios medios, sin la tecnología actual, sería extraordinario para nosotros.

Llamamos extraordinario a algo en base a su novedad o a las pautas que encierra (la simetría, por ejemplo), pero es otro el enfoque que permite apreciar hasta dónde llega su carácter excepcional. Hay que estudiar su probabilidad. Al hacerlo, descubriremos que, o bien estamos ante un suceso seguro, que no debiera por ello extrañarnos en absoluto; o que tiene probabilidad moderada o alta, así que se puede esperar que ocurra de vez en cuando; o que su probabilidad es pequeña, en cuyo caso se habla, de forma inadecuada pero aceptada, de un suceso improbable. Es esta última la parcela que de forma razonable puede mover nuestra curiosidad, pero no la superstición. Por propia definición, jamás estaremos ante algo imposible.

Sin embargo, venden mucho las «explicaciones» basadas en el destino (que de ser tal sería lo seguro), en la magia, la videncia y los milagros. La ignorancia ajena siempre ha sido una buena fuente de negocio.

Pequeños hechos cotidianos nos van a permitir reflexionar desde las matemáticas sobre nuestros encuentros posibles con sucesos que llamamos extraordinarios.

Un capicúa para empezar

Al salir de casa consulto el reloj digital: Las 10:01, una hora capicúa. ¡Qué suerte! suele decirse en estos casos. A la gente le gusta encontrar capicúas en sus vidas; un billete de autobús, una matrícula, un número de registro, etc. Desde un pensamiento mágico, esos encuentros serían augurios de que lo extraordinario se cruza en nuestro camino y este es solo el principio. Pero, descreídos como somos, pensemos cuál es la probabilidad de esta nuestra «buena suerte» de hoy.

¿Cuántas horas capicúas pueden verse al día en el reloj digital? Son 16 en total, las siguientes: 00:00, 01:10, 02:20, 03:30, 04:40, 05:50, 10:01, 11:11, 12:21, 13:31, 14:41, 15:51, 20:02, 21:12, 22:22 y 23:32.

¿Cuántas horas diferentes se pueden ver diariamente en el mismo reloj? Son 1.440 (resultado de multiplicar 24 · 60).

Todas esas posibilidades tienen la misma duración, un minuto. De modo que, si fuera escogida al azar una hora cualquiera del día, esos capicúas serían equiprobables, con probabilidad 1:1.440 para cada uno de ellos. Según la *Regla de Laplace*, la probabilidad de mirar una hora capicúa cualquiera es 16:1.440 = 0,0111… ≈ 1% (igual al número de casos favorables dividido entre el número de casos posibles). Aunque pueda parecer que el 1% sea poco, un suceso con esa probabilidad ocurrirá de vez en cuando (¡ojalá esa fuera nuestra probabilidad de ser premiados en la lotería!). Y pensemos que corresponde al suceso «mirar el reloj en alguno de esos momentos». Que vayan a producirse esas 16 horas capicúas al cabo del día es un suceso seguro.

Mi amigo Antonio vive en Santa Cruz de Tenerife. Mientras esperaba la salida de su hija de un entrenamiento de fútbol, observó estos cinco coches aparcados en el exterior del estadio (cuatro de ellos mal aparcados, por cierto):

Tal vez lo más habitual fuera fijarse en sus marcas y modelos, pero él lo hizo en sus matrículas. Antes de proseguir la lectura, invito al lector a que haga otro tanto en las fotos. ¿Ve algo especial?

6008 BDC, 1229 GPV, TF 1823 BD.

TF 8240 B, 2093 DCZ.

La respuesta, en la nota al pié de página[27].

¿Cuál es la probabilidad de que en 5 coches tomados al azar ocurra esto? Al igual que hicimos con la hora del reloj, hagamos también aquí el recuento de casos posibles y de casos favorables (el lector aritmofóbico puede saltar el razonamiento y pasar directamente al resultado):

Casos posibles: Las 10.000 posibles combinaciones de 4 cifras, desde el 0000 al 9999.

Casos favorables: Ahora viene lo entretenido. ¿Cuántos de esos 10.000 números suman 14? Lo primero es identificar todos los grupos de 4 cifras (no tenemos en cuenta de momento el orden de ellas) que suman 14. Es un ejercicio combinatorio un poco pesado, que se puede enfocar así:

- Los que llevan algún 9: 9-5-0-0; 9-4-1-0; 9-3-2-0; 9-2-2-1; 9-3-1-1.
- Los que llevan algún 8: 8-6-0-0; 8-5-1-0; 8-4-2-0; 8-4-1-1; 8-3-3-0; 8-3-2-1; 8-2-2-2.

... y así sucesivamente, cuidando de no repetir grupos que ya hayan salido previamente.

En total, hay 36 grupos diferentes de 4 cifras que suman 14.

27 En las cinco matrículas, las cifras suman 14.

Pero cada uno de esos 36 grupos puede aparecer ordenado de varias formas.

Por ejemplo, con el grupo 9-5-0-0 se obtienen 12 números diferentes:

9500, 9050, 9005, 5900, 5090, 5009, 0950, 0905, 0590, 0509, 0059 y 0095.

Esas posibles ordenaciones de unos elementos prefijados se conocen como *permutaciones*.

La cosa se complica un poco porque el número de permutaciones de 4 cifras cambia según que haya repeticiones de ellas o no. Por ejemplo: cuando las 4 cifras son diferentes (hay 13 grupos así), salen 24 permutaciones; cuando una cifra se repite 2 veces (hay otros 16 grupos así, como el del anterior ejemplo con 9-5-0-0), salen 12; cuando una cifra se repite 3 veces (hay 3 grupos así), salen 4; y cuando dos cifras se repiten 2 veces cada una (hay 4 grupos así), salen 6. Para saber estos números disponemos de la fórmula de las *permutaciones con repetición*:

$$PR_m^{n,p} = m! / (n! \cdot p!)$$

Teniendo en cuenta todos estos detalles, se obtiene que esos 36 grupos de cifras, reordenándolas, dan lugar a 540 números diferentes.

$$13 \cdot 24 + 16 \cdot 12 + 3 \cdot 4 + 4 \cdot 6 = 540$$

Consideramos que todas las matrículas son equiprobables y aplicamos de nuevo la Regla de Laplace. Entonces, la probabilidad de que la matrícula de un coche sume 14 es: 540:10.000 = 0,054. O, dicho de otra forma, un 5,4%. Por lo tanto, no es una probabilidad despreciable.

Pero claro, que ocurra eso con 5 coches es algo mucho más especial. Su probabilidad es: 0,054 elevado a la 5ª potencia (la probabilidad de que ocurran a la vez varios sucesos independientes entre si se obtiene multiplicando sus probabilidades). El resultado es ínfimo:

$$0{,}054^5 = 0{,}00000045916.$$

En conclusión: La probabilidad de que por azar en cinco coches sus matrículas sumen cada una de ellas 14 es de 4,6 entre 10 millones.

Podrá decirse, con razón, que la extrañeza no está causada porque todas las matrículas sumen 14, sino porque todas sumen igual. ¿Cuál es la probabilidad de esa quíntuple coincidencia, sea cual sea la suma? Calcularla es más complejo, dado que hay que calcular las probabilidades de todas las sumas posibles (desde la menor —suma 0 obtenida en las matrículas 0000—, a la mayor —suma 36 obtenida en las matrículas 9999—) y después sumarlas. La complejidad viene por ser probabilidades diferentes entre si. Las diferentes sumas no son equiprobables. La probabilidad resultante es 0,00000917; es decir 9 entre 1 millón.

Aquel suceso era muy poco probable... pero no imposible. A la vista está la fotografía.

Mala suerte en la Copa

También relacionado con el fútbol tinerfeño, más directamente en este caso, el diario deportivo Marca (08-09-2017) publicaba este titular: «El Tenerife reclama jugar la siguiente ronda de la Copa en casa». Sucede que las primeras rondas de la Copa del Rey se disputan a partido único y la sede de este se decide por sorteo. Sabido es que jugar en casa concede la ventaja del llamado «factor campo». Todos quieren por ello jugar en casa. Pero, según la noticia:

> La entidad blanquiazul tiene motivos para quejarse: los últimos diez sorteos le han resultado desfavorables. Así, sucesivamente ha tenido que disputar eliminatorias a partido único en los campos de Elche (dos veces), Cerceda, Alcoyano, Eibar, Girona, Leganés, Lugo, Valladolid y Rayo Vallecano. La posibilidad matemática de que esto ocurra en caso de sorteo puro es de una entre 1.024.

Dichos sorteos son equivalentes a lanzamientos de moneda. Basta asociar la cara y la cruz con los sucesos «campo local» y «campo visitante». Cada uno de esos dos resultados tiene una probabilidad de ½. Por eso el diario canario El Día (09-09-2017) describía el caso con este titular: «La moneda que siempre sale cruz».

La probabilidad[28] de que en 10 lanzamientos de moneda se registren 10 caras es:

$$p = (1/2)^{10} = 1/\ 2^{10} = 1/\ 1.024$$

El cálculo de dicha probabilidad es correcto. Que sea tan baja no implica necesariamente que haya una «mano negra» en estos sorteos (producidos a lo largo de varios años).

Insistiremos a los aficionados tinerfeños mosqueados por los sorteos coperos en que lo improbable no es imposible. En alguna ocasión, para convencerse de ello, basta con mirar las matrículas de los coches en el aparcamiento del estadio…

A VECES TOCA

También es muy poco probable o improbable que obtengamos premio cuando compramos un boleto de lotería. Sin embargo, el beneficio que a través del sorteo obtiene el Estado es un suceso seguro. Por eso se dice que la lotería es «el impuesto de los que no saben matemáticas».

A pesar de mi insistencia al respecto, a veces mi esposa juega lotería. Y un buen día, con un mismo número, el 50.006, consiguió cuatro premios a la vez, según podía verse en la web oficial de la Organización Nacional de Loterías del Estado:

28 No posibilidad, que se dice en el artículo de *Marca*.

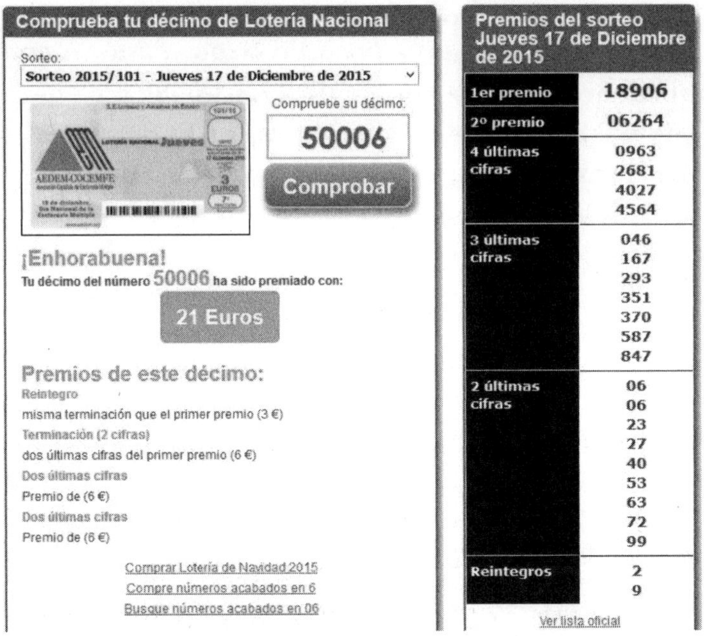

Estos eran los premios obtenidos: terminación del primer premio (6), dos últimas cifras del primer premio (06) y sorteo de terminaciones de las dos últimas cifras, donde había salido por dos veces el 06. Obsérvese que el premio por las dos últimas cifras del primer premio conlleva necesariamente al premio por su terminación. Así que, en realidad no son cuatro sino tres las coincidencias que se dieron. Tratándose de un triple 6, no faltará quien le dé al caso una interpretación diabólica…

¿Cuál es la probabilidad de que suceda esta triple coincidencia? Según mis cuentas, que nuevamente pueden ser saltadas:

Sea el suceso A = el Premio Gordo termina en 06. p(A) = 0,01

Sea el suceso B = en un sorteo de dos cifras sale 06. p(B) = 0,01

Sea la variable aleatoria *X* = número de veces que sale 06 en 9 sorteos de dos cifras. *X* es una binomial con parámetros n = 9, p = 0,01.

Entonces, la probabilidad p de que suceda mi triple coincidencia de premios es:

$p = p(A) \cdot p(X = 2) = 0{,}01 \cdot 36 \cdot 0{,}01^2 \cdot 0{,}99^7 = 0{,}0000336 =$ 1:29.762

Una probabilidad de 1 de entre casi 30.000. Nuevamente, estamos ante un hecho muy poco probable, aunque lo es más que la anterior coincidencia de coches aparcados.

Mi esposa, con no poca sorna, me espetó: «¿Y ahora qué dice el matemático?».

Solo le pude responder: «¡Qué lástima que solo jugaras 3 euros!».

Lotería de Navidad

Hay en Madrid una céntrica administración de loterías muy célebre. En vísperas de sorteos importantes, especialmente el de Navidad, puede verse a sus puertas una larga cola de gente que quiere comprarle los boletos. Son capaces de aguantar la pesada espera porque se dice que allí tocan muchos premios. Y tienen razón, ya que con tantos clientes esa administración juega muchos números, lo cual aumenta la probabilidad de que toquen premios en ella.

Pero una mayor probabilidad de premios en esa administración no supone una mayor probabilidad de premio para cada uno de los compradores. Su probabilidad es la misma que si compraran el boleto en otro lugar. Sus largas esperas son inútiles para beneficio propio, pero sí son útiles para alimentar la leyenda de que «allí toca mucho». Es lo que se llama una profecía autocumplida.

El Sorteo de Navidad es especialmente popular. Las empresas, los clubes deportivos o las asociaciones juegan sus propios números que suelen comprar sus trabajadores o sus socios. Se suele decir. «Juego porque a ver si les va a tocar a todos los demás y a mí no». En ese caso, comprando el boleto sabemos que no se dará la situación de que en mi círculo social todos sean premiados menos yo. Por una vez, jugamos a un juego de azar apostando a un suceso seguro, un seguro contra la envidia.

Capítulo 16

QUEBRADOS POR LAS FRACCIONES

Dice un conocido chiste:

—*¿Quiere la pizza cortada en 6 o en 8 trozos?*
—*En 6, que con 8 no podré.*

Se nos resisten las fracciones, incluso a los aguerridos legionarios. La Legión Española se compone de unidades operativas llamadas tercios. ¿Saben cuántos tercios tiene la Legión?... cuatro[29].

6/6 = 8/8 y cuando algo se divide en 4 partes, si estas son iguales, serán *cuartos*. Cuando las fracciones son las partes de un todo, tanto si se trata de una pizza como si se trata de un cuerpo militar, deben sumar 1. Se lo recordaban a las autoridades educativas de la Comunidad de Madrid los profesores interinos concentrados ante la Consejería de Educación para protestar por la precarización del trabajo docente con el aumento de contratos de media jornada. Se leía en su pancarta:

½ + ½ = 1, no 2. Las cuentas claras. No somos tontos.

Así se expresaban porque en las cuentas oficiales dos medias jornadas contabilizan como 2 puestos de trabajo.

29 Gran Capitán, Duque de Alba, Juan de Austria y Alejandro Farnesio.

Mitades y cuartos son las fracciones con las que, salvo los casos anteriores y algún otro que veremos, nos sentimos más cómodos. Hacer la mitad de algo suele ser sencillo (salvo en el juicio de Salomón) y un cuarto no es sino la mitad de la mitad. Es por ello que un conocido asador de mi ciudad ofrece en el Menú de la Casa:

1/2 cuarto de lechazo asado en horno de leña

Seguro que los clientes lo entienden bien, sin pensar que en realidad se trata de 1/8 de lechazo.

Menos comprensible a primera vista es lo que se ofrece en la carta del Restauracja Boston, en Pasłęk (Polonia):

Pastel de patata	17 złotys
Medio pastel de patata	9 złotys
Dos cuartos de pastel de patata	10 złotys

Que un pastel entero cueste algo más barato que el doble del precio de medio pastel se puede entender como estímulo para que el cliente pida la ración completa. Pero, dado que el medio pastel es la misma fracción que los dos cuartos de pastel, parece extraño que se ofrezcan como opciones diferentes y, aún más, que no tengan el mismo precio. Se diría que es una incoherencia pero, al observar que la diferencia de precio entre pedir dos medios pasteles y pedir el pastel entero es la misma que hay entre pedir dos cuartos de pastel y pedir medio pastel, creo haber descubierto el criterio seguido: ¡Cortar el pastel cuesta 1 złoty!

La familiaridad con mitades y cuartos está presente en la medida del tiempo. Cuando es posible, se prefieren al sistema sexagesimal. Protestaba un paciente en la sala de espera del médico: «Llevo esperando cinco cuartos de hora».

Esa familiaridad llega incluso a la moda («este invierno se llevarán los abrigos de tres cuartos») y se afina en la extraña medida de «un cuarto y mitad» que podemos escuchar a los clientes que hacen su pedido en carnicerías y charcuterías de algunas regiones. No se trata, como inicialmente puede parecer, de «un cuarto kg y medio kg» (serían 3/4 kg en tal caso), sino de «un cuarto y la mitad de otro cuarto de kg». Así que:

Un cuarto y mitad = $1/4 + 1/2 \cdot 1/4 = 3/8$ kg = 375 g.

Supongo que si el cliente pidiera «375 g» sería mirado como alguien un poco raro.

La polisemia juega malas pasadas, también con los cuartos. Así, la palabra «cuarto» no significa solo cuarta parte, sino que también puede ser un ordinal e incluso, fuera de las matemáticas, una estancia de la casa. No lo tuvieron en cuenta quienes publicaron en prensa este anuncio:

Reformamos su 4º de baño

Pero la polisemia también puede ser fuente de ingenio. Se leía en una pancarta de manifestantes ecologistas:

No queremos medio ambiente. Lo queremos entero.

Gazapos porcentuales

Los porcentajes son una forma particular y muy efectiva de expresar las partes de un todo (por ejemplo, en baloncesto: «Un jugador tiene una efectividad del 42% en tiros libres») o la evolución creciente de algo (por ejemplo, en economía: «Consiguió recuperar un 140% del dinero invertido»). Los porcentajes son fracciones con denominador 100 que se multiplican por una cantidad. Los encontramos sobre todo en las Rebajas y en las ofertas comerciales, pero también en las noticias. Cuando el periodista los usa erróneamente, el resultado puede ser impactante. Me alarmé al leer este titular:

> Siete de cada diez aragoneses tiene diabetes y la mitad no lo sabe (*El Periódico de Aragón* 06-11-2008).

De ser así, en mi familia habría unos cuantos ignorados diabéticos. Me tranquilicé al leer en la primera línea del texto que seguía: «El 7% de los aragoneses tiene diabetes...».

Tras el debate previo a las Elecciones Generales 2011, se publicó este titular:

> ¿Quién ganó el debate?: Rajoy 20,2% - Zapatero 86,2% (*Público* 28-06-2011).

Recordemos que los porcentajes son fracciones y que estas, si son partes de un todo, no pueden sumar más de la unidad (100%). En este caso: 20,2% + 86,2% = 106,8%

Estos casos no siempre son atribuibles a los periodistas. A veces lo son a quienes suministran la información, aunque entonces el periodista debiera filtrarla y analizarla, no repetirla sin más. Como en este otro titular:

> Telefónica reduce un 3.400% el tráfico de correo basura que circula en su red (*El País* 03-04-2008).

Parece triunfalismo de Telefónica. No dudo de la efectividad de sus sistemas pero podrán, como mucho, eliminar el 100% del *spam*, no más.

La quiero grande

Lo escuché en un bar (ya vimos que, además de ser lugar para las bebidas alcohólicas, también lo es para las matemáticas):

> Cliente: *Póngame un botellín de cerveza.*
> Camarero: *¿De un quinto o de un tercio?*
> Cliente: *La quiero grande. De un quinto.*

Este cliente hizo una asociación equivocada: «Como 3 es menor que 5, 1/3 será menor que 1/5». Es justo al revés. Pero me temo que esa confusión sea compartida por otras personas.

Por eso me sorprendió positivamente la campaña publicitaria de Caja Madrid donde se leía:

> Una de cada 12 personas utiliza el autobús. Una de cada 7 personas es de Caja Madrid.

Confiaban los anunciantes en la competencia del público en el manejo de fracciones, esperando que advertirían que $1/12 < 1/7$. Ojalá así fuera, pero me parece que no será el caso de aquel individuo del bar.

Y es que manejar fracciones con diferentes denominadores a algunos se les atraganta. Declaraba Enrique Cerezo, Presidente del club Atlético de Madrid tras el triunfo de su equipo en la final de la Europa League 2018: «Había tres cuartos de aficionados del Olympique y un tercio del Atlético». Dado que ambas fracciones suman 13/12, fracción mayor que la unidad, esa afirmación solo es viable en el caso de que 1/12 sean aficionados de ambos equipos a la vez. Sería un curioso caso de esquizofrenia futbolística.

Analogía fraccionaria

Las matemáticas, además de utilidad práctica y placeres intelectuales, también ofrecen metáforas y analogías a filósofos y literatos. Terminaremos con un ejemplo de ello, usando precisamente las fracciones. Escribió León Tolstói (1828-1910):

> Una persona es como una fracción cuyo numerador corresponde a lo que es, en tanto que el denominador es lo que cree ser. Cuanto mayor es el denominador, tanto más pequeño es el valor de la fracción.

Capítulo 17

EL BALÓN PERFECTO

En las inmediaciones del campo de fútbol local, hay contenedores de vidrio con una forma muy apropiada, la clásica de un balón de fútbol. Recuerdan al aficionado que las botellas deben quedar siempre fuera del estadio.

Geométricamente, el balón de verdad, el que rueda en el campo, no es una esfera sino un poliedro que, al ser hinchado con aire a presión, adopta una forma bastante esférica.

Icosaedro truncado.

Ese balón es un *icosaedro truncado*; así llamado por ser el poliedro que se obtiene cuando a un icosaedro (poliedro regular de 20 caras triangulares) le cortamos las 20 esquinas a distancias iguales de cada vértice (a un tercio de la arista). Está formado por 20 hexágonos regulares y 12 pentágonos regulares; y tiene 90 aristas. Este poliedro ocupa un volumen del 86,74% de la esfera circunscrita; porcentaje que aumenta hasta el 95% al ser inflado.

Pero hay otro poliedro que permitiría conseguir balones más esféricos. Se trata del *rombicosidodecaedro,* poliedro cuyas caras son 20 triángulos equiláteros, 30 cuadrados y 12 pentágonos regulares; tiene 120 aristas y ocupa más el 93,32% de la esfera; una vez inflado, el 99%. ¿Por qué entonces no se fabrican los balones con esta forma más esférica? La industria no ha adoptado esta solución porque aumenta bastante la complejidad de la fabricación (120 costuras que coser, frente a las 90 del icosaedro truncado).

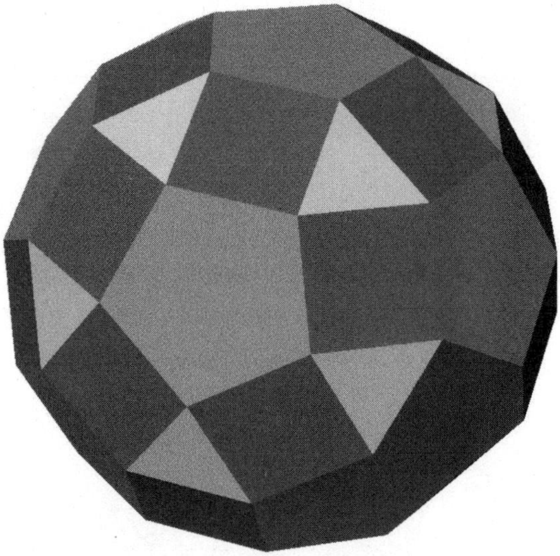

Rombicosidodecaedro.

Ambos poliedros pertenecen a la clase de los llamados *poliedros semirregulares*, cuyas caras son polígonos regulares de dos o más tipos diferentes; a diferencia de los *poliedros regulares*, formados por polígonos regulares todos iguales entre sí. Además, para ambos tipos de poliedros, en cada vértice concurre el mismo número y tipo de caras, en el mismo orden.

Parece que un balón de fútbol será mejor cuanto más próximo esté a ser una esfera perfecta. Así se controla la calidad de los balones:

> Para determinar la esfericidad de un balón se hincha y se mide su diámetro en 16 puntos diferentes para calcular el diámetro medio. Después, se calcula la diferencia entre el diámetro máximo y el mínimo. Así, el número que se obtiene es la diferencia en porcentaje entre el diámetro máximo y mínimo sobre el diámetro medio. A los balones oficiales para las competiciones de la FIFA se les exige que no superen el 2%. Umbro, con un 2,2%, no es lo suficientemente redondo. Matt (2%) y Joma (1,9%) mostraron valores de esfericidad aceptables, pero elevados. Las esferas mas perfectas fueron las de Astore (1,3% de esfericidad) y Diadora (1,3%) [25].

Obsérvese que, para valorar la esfericidad de los balones, la FIFA mide la dispersión estadística de 16 medidas y calcula su media aritmética. Al restar de la mayor medida la menor, calcula lo que en estadística llamamos el *rango* de esa distribución de datos. Luego valora ese rango como porcentaje sobre la media. Es una forma propia de medir la dispersión, no coincidente con los métodos habituales (desviación media y desviación típica), pero perfectamente válida.

Un balón imposible

En las carreteras del Reino Unido hay señales de tráfico que indican la proximidad de un campo de fútbol mediante el dibujo de un balón formado solo por hexágonos regulares.

Ya comentamos, a propósito de la geometría de las colmenas y de los avisperos, que estos polígonos forman una teselación del plano; es decir, encajan perfectamente unos con otros llenándolo. No cabe por lo tanto la posibilidad de que una trama hexagonal regular componga una forma en tres dimensiones, ni por lo tanto puede aproximarse a la esfera. Escandalizado por semejante error, el matemático británico Matt Parker ha realizado una petición al Parlamento Británico para que dicha señal sea cambiada por otra que sea geométricamente correcta. A su vez, ha iniciado una campaña de recogida de firmas de apoyo en Internet[30] con el objetivo de llegar a las 100.000, lo que obligaría a que su petición fuera tratada en el Parlamento.

El fiasco Jabulani

Para el Mundial de Sudáfrica 2010, el fabricante Adidas encargó a la Universidad de Loughborough (Reino Unido) el diseño del balón más perfecto posible. Fue perfeccionado durante 3 años y recibió el nombre de Jabulani, que significa "celebración" en zulú. Su principal diferencia con respecto a los balones tradicionales, es que está formado por 8 piezas, no planas como hasta entonces, sino tridimensionales, curvadas; y no cosidas, sino termoselladas. De esa forma, antes de su llenado de aire ya es esférico.

Jabulani parecía el balón perfecto y sin embargo... recibió las críticas de muchos jugadores, en particular de los porteros,

30 En línea: https://petition.parliament.uk/petitions/202305

que veían desconcertados cómo el balón hacía movimientos extraños y se les escapaba. «Hubiera preferido jugar con una pelota de playa», llegó a declarar Julio César, portero de Brasil. Pero no solo los porteros: "La pelota es un desastre para los delanteros. Se mueve mucho y se vuelve difícil de controlar. Saltas para cabecear un centro pero de repente se mueve y fallas», explicó el italiano Pazzini. Pese a ser futbolistas de nivel internacional, a unos se les escapaba de las manos y otros lo enviaban a la grada. ¿Por qué?

Jabulani.

Tras el Mundial, el tema fue objeto de serias investigaciones [26]. La NASA realizó un estudio aerodinámico de Jabulani y concluyó que a una velocidad superior a los 72 km/h es impredecible. A su vez, según estudió el ingeniero Takeshi Asai, de la Universidad de Tsukuba (Japón), las costuras de los balones tradicionales crean pequeñas turbulencias de aire que los estabilizan, algo que Jabulani no tiene. A su vez, según el físico Derek Leinweber, de la Universidad de Adelaida (Australia), hay que tener en cuenta además que las ciudades de aquel campeonato se encuentran a más de 1.000 m sobre el nivel del mar. Debido a ello, la densidad del aire es más baja y el balón allí era aún más rápido.

A pesar de lo anterior, Jabulani es de feliz recuerdo para el fútbol español. Fue protagonista del más alto hito alcanzado por su selección, el título mundial. En particular, del celebrado gol de Iniesta, cuando el 11 de julio de 2010, en el estadio Soccer City de Johannesburgo, a falta de 4 minutos para que terminase la prórroga de la final con empate a cero, Andrés Iniesta batió la portería de Holanda.

Según supimos más tarde [27], para la selección holandesa, cada minuto de la prórroga suponía un pequeño paso hacía una meta soñada, la tanda de penaltis. Si Iniesta no hubiera marcado aquel gol providencial, en los penaltis el portero holandés Maarten Stekelenburg contaba con una ayuda secreta, la estadística. El catedrático español de economía Ignacio Palacios-Huerta (London School of Economics) había realizado para Holanda un exhaustivo informe sobre cómo tiraban los penaltis los jugadores españoles y cuál era el comportamiento en esa situación del portero Iker Casillas. Según el informe, Casillas casi siempre se tiraba al lado natural del lanzador y si este optaba por un tiro al lado contrario tenía una probabilidad de más del 90% de marcar.

Son especialmente predecibles los lanzadores que no están acostumbrados a tirar penaltis. Más inseguros para improvisar, los suelen lanzar a su lado natural. Al final de aquella prórroga, tras lesiones y cambios, España solo tenía en el campo a un lanzador habitual, Fernando Torres (35 penaltis lanzados). Los lanzamientos de los españoles hubieran sido bastante predecibles. «Tenía un papel con los penaltis de todos los españoles en el banquillo. Todo estaba escrito. Yo deseaba los penaltis», declaró Michel Vorm, portero suplente de Holanda.

Parece que disponer de esa información fuera algo básico, pero, en palabras de Ochotorena, preparador de porteros de España, Casillas no quería tener más información y prefería en cada caso reaccionar por intuición. Pero «Con datos obtenemos ventajas competitivas», según Palacios-Huerta. Así que el gol de Iniesta salvó a España de jugar contra la estadística.

Brazuca

Para superar los inconvenientes de Jabulani, manteniendo sus ventajas, Adidas lanzó Brazuca, el balón del Mundial Basil 2014. Como su antecesor, no precisa ser inflado para alcanzar la esfericidad. Pero sus 6 piezas tienen un largo perímetro de contacto entre ellas, propiciando las deseadas microturbulencias.

No siempre la perfección es lo más deseable.

Brazuca.

Capítulo 18

DISTINTAS VARAS DE MEDIR

Cuando a uno le asustan las cosas es buena idea medirlas.
Daniel Kehlman en La medición del mundo.

A la derecha de la puerta de entrada a la catedral románica de Jaca (Huesca) se observa una doble muesca horizontal sobre el muro. Es el patrón que da la distancia exacta de la vara jaquesa, unidad de medida local que estuvo vigente en el Reino de Aragón desde la época medieval (también la podemos encontrar en edificios públicos de Uncastillo y Sos del Rey Católico [28]).

Vara jaquesa.

En otras localidades de la geografía española encontramos marcas similares. Al medirlas observamos una discrepancia: La vara jaquesa mide 77,2 cm, mientras que la vara castellana (también marcada sobre muros, por ejemplo, en las extremeñas Zafra y Almendral) mide 83,6 cm. Estos testigos en piedra suelen estar en la plaza donde se celebraba el mercado. No serían raros los litigios sobre medidas en las transacciones, sobre todo cuando los vendedores llegasen de otras tierras. Se hacía necesaria una referencia sobre la que resolver esas disputas. En otras regiones, la vara patrón era de hierro y la custodiaba el almotacén (encargado oficial de velar por la medida justa). Sobre la piedra o en hierro, el patrón debía ser inalterable.

La operatoria con unidades menores que la vara no era sencilla. Una vara equivalía a 2 codos, a 3 pies, a 4 palmos, a 8 octavas y a 36 pulgadas (casi todas ellas, unidades antropométricas). Con el desarrollo de las comunicaciones y del comercio fue cada vez más necesaria la unificación de las unidades de medida, así como la facilidad de cálculo que ofrece el sistema decimal. Una y otra llegarían como consecuencias del espíritu racionalista que trajo la Revolución Francesa, aunque teniendo que vencer las resistencias que siempre encuentra una alteración de costumbres seculares. También en París, entre 1796 y 1797, se colocaron para público conocimiento 16 copias en mármol de la medida del metro, de las cuales solo se conserva una en su emplazamiento original (está en el número 36 de la Rue de Vaugirard). El *Sistema Métrico Decimal* (S.M.D.) se establece en Francia en 1842 y en España en 1849.

Errores y despistes métricos decimales

Casi ciento setenta años después, desde niños aprendemos fácilmente el S.M.D. y nos resultan familiares sus unidades de masa, tiempo y longitud; así como las derivadas de estas, principalmente las de superficie, volumen y capacidad. Constituyen uno de los conocimientos matemáticos básicos que mejor perduran desde la escuela primaria. Es por ello que sorprenden errores como los que siguen.

– En las noticias internacionales de la Cadena Ser (08-01-2014) se decía:

> Ambos (terroristas) han abandonado el coche en el que circulaban tras atracar una gasolinera y, según medios franceses, estarán acorralados en un perímetro de unos 20 kilómetros cuadrados.

Hubo una confusión entre longitud y superficie. Ante un caso así es interesante buscar cuál puede ser el enunciado correcto. Caben dos posibilidades. Supondremos en ambas que la zona acordonada es circular y recordaremos que en tal caso Perímetro = $2 \cdot \pi \cdot r$ y Área = $\pi \cdot r^2$.

O bien se trata de un perímetro de 20 km. En tal caso, el radio de la zona es 3,18 km y la superficie a batir es de 31,83 km^2.

O bien se trata de un área de 20 km^2. En tal caso, el radio de la zona es 2,52 km y su perímetro es de 15,85 km.

En una situación de tanto peligro esa diferencia puede ser crucial.

Este tipo de error se viene repitiendo de vez en cuando en los noticiarios. Así, por ejemplo, declaraba en rueda de prensa el Consejero de Fomento y Medio Ambiente de la Junta de Castilla y León (repetido en varios medios informativos. 24-08-2017):

> El incendio de La Cabrera alcanza un perímetro de 8.000 hectáreas.

– Hace unos años, la *Guía Turística del Concejo de Cudillero* (Asturias), al describir las bellezas naturales del lugar, decía:

> Tiene una extensión de 107 km^2, de los cuales más de 38 son de costa.

Se trataba de otra incoherencia por confusión entre longitud y superficie. Si, como parece, querían decir «38 km de costa», en tal caso sobraba la expresión «de los cuales». No se pueden incluir los kilómetros lineales entre los kilómetros cuadrados.

Me dirigí por carta a la Sociedad Cudillero Turismo avisándoles del error para que fuera corregido en siguientes ediciones del folleto. Nunca obtuve respuesta. No me atreví a informarles de que, por otra parte, saber la medida de una costa es un problema de compleja solución. En un artículo que en 1967 publicaba en la revista *Science* el matemático Benoît Mandelbrot (1924-2010), iniciador de la geometría fractal, este se preguntaba «¿Cuánto mide la costa de Gran Bretaña?». Constataba que la respuesta a esa pregunta de apariencia sencilla no está clara. Decía:

> Todo depende de aquello que desechamos en la medición, porque al ir contando cada vez con más precisión, debemos añadir el contorno de bahías, rocas, granos de arena, y así hasta niveles subatómicos. Esto nos va a ocurrir en toda medición [29].

Es decir, nunca mediremos exactamente la costa en todos sus detalles, sino una aproximación a la misma con segmentos. La medida resultante dependerá de la escala de dichos segmentos; a segmentos menores, mayor detalle en la medida y mayor valor de esta.

- En la crónica de sucesos, el diario *Público* (01-07-2017) informaba:

> El piloto, al ver acercarse la patrulla, inició la marcha a gran velocidad, efectuando un caballito sin poner precaución alguna, según las mismas fuentes —que detallan que se trata de una motocicleta de 450 cilindros cúbicos.

Está claro que lo correcto hubiera sido decir «450 centímetros cúbicos». Pero en este caso sucede que un error de unidades produce, de rebote, otro geométrico.

No se conocen cilindros que sean cúbicos, como tampoco cubos que sean cilíndricos.

- La confusión de unidades puede ser voluntaria, con fines publicitarios. Es lo que hizo BMW con su anuncio «La felicidad se mide en km», donde se decía:

  Un kilómetro es la unidad básica de disfrute. Un kilómetro es mucho más que mil metros. Y no hay dos kilómetros iguales, ojo. Uno debería pagar solo por lo que le hace feliz. Los kilómetros que no conduzca se los descontamos del precio.

  No crean los anuncios al pié de la letra.

- No hubo voluntad, sino un error importante, cuando en la Prueba de Diagnóstico en 2º ESO de la Comunidad de Aragón (curso 2008-09), una pregunta formulada a los estudiantes comenzaba así:

  Con las dimensiones de una lata, he calculado el volumen de aire y obtengo 0,338 dm^3, lo que equivaldría a una capacidad de 338 mililitros cúbicos...

  Las unidades de volumen (entre ellas los dm^3) y las de capacidad (entre ellas los mililitros) miden la misma magnitud (en realidad basta con hablar de volumen), pero inventar los mililitros cúbicos es rizar el rizo en esa asimilación de unas y otras. La confusión es más grave viniendo de los examinadores y nos recuerda a aquellos concursos de TV donde quienes se equivocan son los jurados.

- Otro error con mililitros lo encontramos en esta extraña prohibición de aparcamiento. Suponemos que se quiso indicar que la prohibición afecta a 5 metros lineales de acera. Pero, tal como está, esta señal prohíbe aparcar a los vehículos de 5 mililitros (verdaderas miniaturas).

– Las prohibiciones de aparcamiento pueden ser también confusas si a tiempo se refieren. Este no se mide en el sistema decimal sino en el sexagesimal. Así que cuando encontramos la siguiente señal, ¿cómo debemos interpretarla? Una décima parte de hora son 6 minutos. ¿Se puede aparcar hasta 6 minutos? No lo parece. ¿Qué quisieron decir? ¿1 hora, 1 minuto, 1 segundo? A veces las señales son de desinformación.

A la mayoría, de poco nos sirve el S.M.D. cuando se trata de valorar medidas muy grandes. En tales casos precisamos otras referencias más comprensibles. Se pudo constatar en julio de 2017 cuando los medios de comunicación informaban del desprendimiento de un enorme iceberg de 5.800 km^2 de la Antártida. 5.800 km^2 es mucho, pero ¿cuánto? Si nos cuesta imaginar 1 km^2, no digamos ya 5.800. Por eso, los medios utilizaron otras improvisadas unidades de medida. En España se dijo: «Es como diez veces Madrid» y «como La Rioja». Fuera de nuestras fronteras se hizo otro tanto, a niveles locales [30]:

- En Japón, la prefectura de Mie.
- En México, 55 veces París (aquí no fueron localistas).
- En Holanda, ligeramente mayor que la provincia de Gerderland.
- En Noruega, el condado de Akershus.
- En Polonia, la tercera parte de la provincia de Malopolska.
- En Rusia, la cuarta parte de la región de Moscú.
- En Corea del Sur, la mitad de la provincia de Gyeonggi
- En Taiwan, la sexta parte de Taiwan.
- En Turquía, cuatro veces Estambul.
- En Reino Unido, la cuarta parte de Gales.
- En Ucrania, la mitad de la región de Transcarpacia.
- En EE.UU, como Delaware.

Esa variedad de expresiones pone de manifiesto cuál es la esencia del hecho de medir, comparar con un patrón conocido por los individuos de una comunidad con el objeto de que estos puedan comprender y comunicar la magnitud que se mide.

Como más adelante veremos a propósito de algunas sentencias judiciales, y al igual que ocurría en aquellos mercados medievales presididos por la vara patrón, sigue habiendo litigios a propósito de la medida.

Informaba la Cadena Ser (12-09-11):

> El extraño caso de las porterías de Sabadell. El presidente del Sabadell, Joan Soteras, ha asegurado hoy que el club catalán no hace trampas, aunque ha reconocido que las porterías de la Nova Creu Alta no cumplen con las medidas reglamentarias. Al finalizar el pasado sábado el partido Sabadell-Cartagena, el colegiado castellano-leonés Valdés Aller hizo constar que las porterías del campo del Sabadell no cumplen con las medidas reglamentarias (7,32 metros de longitud y 2,44 de altura).

El caso es curioso porque, al parecer, no hay problema ni con las medidas ni con la hechura de fábrica de las porterías, sino con el terreno bajo ellas.

> En el centro de las dos porterías hay un pequeño montículo que hace que una portería sea 6 centímetros más baja y la otra 7, ha reconocido el dirigente del club sabadellense, que ha insistido en que sólo es en el centro y ha negado que las porterías estén torcidas.

Es decir, la irregularidad denunciada es equivalente (para tiros por el centro de la portería) a que los porteros fueran 7 cm más altos. Pero esto último está permitido, mientras que lo otro no. Lo cual me sugiere una duda: ¿Debiera haber una normativa sobre la estatura de los porteros? Muy probablemente tal idea parezca estrambótica, pero en otros deportes sí que hay normas compensadoras.

Los boxeadores pelean dentro de categorías por pesos, con rivales similares, y en las carreras de caballos estos son lastrados en las carreras llamadas hándicaps. El hándicap es el lastre o peso extra que tiene que llevar cada caballo para igualar las condiciones de la carrera según sus resultados anteriores. Es decir, un caballo con varias victorias llevará más lastre que uno que no ha ganado nada. Existen unos jueces, llamados *handicappers*, cuya labor consiste en valorar las carreras de los caballos y asignarles una puntuación. Después, se publican unas tablas que sirven tanto para saber qué caballos son mejores como para participar en los hándicaps. Normalmente se usa la lógica de 1 kg = 1 cuerpo. Es decir, si en una carrera tenemos a dos caballos, uno con valor 32 y otro con valor 30 y portan el mismo peso, es de esperar que el primero gane y le saque dos cuerpos al segundo. Pero si hacemos que el primero porte 58 kg por 56 kg del segundo, deberían llegar a la meta empatados.

Volviendo al fútbol, ¿se puede pensar en porterías de altura graduable según la estatura de los porteros? Imaginamos la perplejidad que recibiría tan innovadora propuesta. Es curioso que el mismo criterio, la compensación, sea común y aceptado en unos deportes pero resultaría extravagante en otro. «Normalidad» es solo sinónimo de costumbre.

Sanción recurrida según el S.M.D.

Circuló ampliamente por Internet la siguiente «Carta de un automovilista *flasheado* a 250 km/h, en una vía limitada a 70», cuyo origen y veracidad no hemos conseguido establecer, pero que reproducimos por su ingenio:

> Señor Juez, he visto perfectamente la señal de «70», en negro con círculo rojo, sobre el panel de tráfico, sin ninguna otra indicación de unidades métricas. Usted sabe que la Ley del 4 de julio de 1837 establece obligatorio el sistema métrico en España, y que el decreto nº 65-501 de 3 de mayo de 1961 modificado (tomado en aplicación de las directivas europeas), define como unidades de base legal, las unidades

del sistema métrico internacional (SI). Usted puede verificar todo esto en la web del Gobierno: por lo que en el SI, la unidad de longitud es el metro, y la unidad de tiempo es el segundo. Es pues evidente, que la unidad de velocidad legal es en consecuencia el metro por segundo.

No puedo ni imaginar por un momento, que el Ministerio del Interior no esté aplicando las leyes del Reino. Por lo que 70 metros por segundo corresponderían exactamente a 252 Km/h. La Policía afirma que he sido cronometrado a una velocidad de 250 Km/h, esto no lo pongo en duda. Me encontraba pues 2 Km/h por debajo del límite autorizado.

Le agradezco tome usted buena nota de ello, devuélvanme mi permiso de conducción y déjenme tranquilo.

Ciento setenta años después de su adopción, el S.M.D. sigue siendo causa de controversias.

Bañarse con pirañas

Hay veces en que se da la medida exacta con un propósito que luego no queda confirmado. Un cartel de circo anuncia que un valiente se va a introducir en la piscina con pirañas en 4 toneladas de agua. Publicitar este dato numérico tiene una evidente voluntad: comunicar grandiosidad. Pero ¿son muchas 4 toneladas de agua?

Hagamos unas sencillas equivalencias de unidades:

4 toneladas de agua = 4.000 kg de agua, corresponden a 4.000 litros y ocupan 4 m^3.

Por ejemplo: un recinto de 2m x 2m x 1m tiene ese volumen. Esa masa de agua no es algo notable. Ahora bien, bañarse con las pirañas es otra cosa...

Misteriosa equidistancia en el Cañón de Río Lobos

La exactitud en la medida es algo admirable si hablamos de grandes distancias y de obras medievales. La Ermita de San Bartolomé fue erigida en el s. XIII por los Templarios en Ucero (Soria), dentro del impresionante enclave del Cañón de Río Lobos. Se dice que dicho emplazamiento responde a razones herméticas y que se sitúa en un punto equidistante de los supuestos extremos oriental y occidental de la Península Ibérica (así se explicaba tiempo atrás en un panel informativo que pude leer *in situ*), que se suponía eran los cabos de Creus (Gerona) y Touriñan (La Coruña), el *Finis Terrae* de la época. En Internet hay quien lo ratifica usando GPS, con estos datos [31]:

Coordenadas:

- San Bartolomé de Ucero N41° 45' 06,4503" - W003° 04' 05,7452"
- Cabo de Touriñan N43° 02' 53,53" - W009° 18' 04,29"
- Cabo de Creus N42° 19' 09,7988" - E003° 19' 20,6918"

Distancias:

- San Bartolomé a Cabo de Creus = 532 Km. 744 metros
- San Bartolomé a Cabo de Touriñan = 532 Km. 793 metros

Hay sólo 49 m de diferencia. Resulta sorprendente tanta exactitud para la época si esa fue la intención del emplazamiento. Pero hoy sabemos que el extremo occidental de la península ibérica no está en España sino en Portugal, en el Cabo da Roca (cerca de Lisboa), a 636 km de San Bartolomé.

Aparte del emplazamiento, en esta ermita hay un elemento matemático a destacar; un óculo románico de singular belleza. Es una pentalfa, pentagrama o *estrella pitagórica*, donde rige la proporción áurea.

El S.M.D. era un avance revolucionario y francés y no fue por ello bien recibido en el Reino Unido donde, fieles a sus tradiciones han conservado las unidades que llaman *medidas imperiales* (pulgada, pié, yarda, milla, libra, etc.). En 1965 se inició la reconversión gradual desde el sistema imperial al S.M.D. pero pronto tropezó con la hostilidad popular. Veamos dos ejemplos de esas resistencias:

- Dado que la yarda es más corta que el metro (1 yarda = 0,9144 m), los comerciantes que antes vendían por yardas (telas, moquetas, etc.) y pasaron a metros debieron subir los precios. Al ver caer las ventas volvieron a las yardas.
- En un artículo del *Financial Times* se decía:

  > La decimalización va en gran perjuicio de la aritmética elemental porque la gente se acostumbra a multiplicar y a dividir solo por 10 y por 100, cuando está claro que cuando eras escolar y tenías que dominar el sistema imperial de libras, chelines y peniques te convertías en una persona numéricamente ágil. Cuanto antes se elimine este lamentable sistema napoleónico, mejor.

  Recordemos que 1 libra = 20 chelines y 1 chelín = 12 peniques.

En la actualidad, siendo oficial el S.M.D., se siguen usando las unidades imperiales en muchos contextos. Por ejemplo, se beben pintas de cerveza y los rótulos de carretera limitan la velocidad en millas por hora. La perspectiva nacionalista del Brexit parece alejar cualquier avance hacia la unificación completa.

Como herencia cultural británica, esas unidades todavía se usan en sus excolonias. Es singular por su relevancia el caso de EE.UU., único país en que el sistema británico es el oficial, donde gran parte de la población carece del esquema decimal aplicado a su vida diaria.

El uso simultáneo de los dos sistemas ha llevado a errores, en ocasiones fatales. A continuación se comentan dos casos muy notorios.

Catástrofe espacial

El 23 de septiembre de 1999, tras nueve meses y medio de viaje, se perdió contacto con la nave Mars Climate Observer, que iba a ser el primer satélite de observación del clima marciano. Estaba previsto que entrase en órbita a 150 km sobre el planeta rojo, pero se supone que ardió al atravesar su atmósfera para situarse a sólo 47 km. ¿De dónde provino tal error?

El JPL (Jet Propulsion Laboratory) de Pasadena, dependiente de la NASA, encargado de programar los sistemas de navegación de la sonda usaba el sistema internacional. Pero el Lockheed Martin Astronautics de Denver, donde se diseñó y construyó la Mars Climate, usaba el sistema inglés. Así, las instrucciones calculadas en millas fueron programas en kilómetros. Ese desajuste de navegación colocó al satélite en posición equivocada.

Al borde de la tragedia

El vuelo 143 de Air Canadá había partido de Montreal con destino a Edmonton, el 23 de julio de 1983. El avión, un Boeing 767, se quedó sin combustible a 41.000 pies (12.500 m) de altura. El piloto Robert de Pearson y su copiloto Maurice Quintal fueron capaces de planear y, en una maniobra arriesgada, conseguir un aterrizaje de emergencia sin víctimas en la base de Gimli (Manitoba), salvando la vida de los 61 pasajeros.

En la posterior investigación quedó de manifiesto la causa de esa sorprendente falta de combustible en pleno vuelo. En aquellas fechas se acababa de adoptar el S.M.D. de forma oficial en Canadá. Los nuevos Boeing 767 comprados por Air Canadá eran los primeros en ser calibrados según el nuevo sistema, utilizando litros y kilogramos. Todos los demás aviones de la compañía seguían funcionando con unidades imperiales (galones y libras).

Para el viaje a Edmonton, el piloto calculó que eran necesarios 22.300 kg. de combustible (49.000 libras). Comprobó que había 7.682 litros en los tanques (1.690 galones).

Como un litro de combustible pesa 0,803 kg...

En los depósitos ya había: 7.682 · 0,803 = 6.169 kg.

Hacían falta: 22.300 kg - 6.169 kg. = 16.131 kg.

Que, pasados a litros son: 16.131 : 0,803 = 20.088 litros.

Pero el personal de tierra manejaba las medidas imperiales, según las cuales 1 litro pesa 1,77 libras. Ése era el factor de conversión que usaban habitualmente. Calcularon así:

En los depósitos ya habría: 7.682 · 1,77 = 13.597 kg.

Harían falta: 22.300 kg - 13.597 kg. = 8.703 kg.

Que, pasados a litros serían: 8.703 : 1,77 = 4.916 litros.

Resultado: el avión cargó 20.888 - 4.916 = 15.972 litros menos de los necesarios.

El capitán verificó los cálculos, pero también él lo hizo con el factor de conversión incorrecto; es decir, verificó la parte aritmética, pero no lo concerniente a las unidades. Su pericia al mando de la nave pudo evitar que ese error tuviera consecuencias trágicas. Por ello la sanción que recibió fue leve.

Amor métrico decimal

Es importante medir bien y saber convertir las unidades. Con medidas podemos determinar la magnitud de un problema. Es un primer paso para resolverlo. Y si no lo conseguimos, el S.M.D. nos puede ayudar incluso para expresar la desazón por ello. Lo hizo un anónimo graffitero en este lamento enamorado:

Tener a kilómetros a quien quisieras tener a centímetros

Capítulo 19

SON MATEMÁTICAS, SR. JUEZ

En la película *Un tipo serio* (Joel y Ethan Cohen. 2009), el hermano mayor del protagonista es un matemático que trabaja incansablemente en un «mapa de probabilidades del Universo» que luego aplica en el juego. Es detenido en una partida ilegal de póker. Mientras se lo lleva la policía, grita: «¡Son sólo matemáticas! ¡No pueden detener a nadie por las matemáticas!». Se equivoca, pues hay delitos que se basan en un mal uso de ellas, siendo el caso más conocido el de las estafas piramidales[31]. De igual forma, con matemáticas se pueden descubrir delitos[32]. También cuando la justicia debe resolver casos, las matemáticas pueden jugar algún papel.

Juicios salomónicos

Ya comentamos que hacer mitades es el uso más popular de las fracciones, al alcance de todos. Más de un juez procuró ser equitativo, repartiendo por igual dinero o posesiones entre dos partes litigantes. Pero, cuando la vida está en juego, no caben mitades. Así ocurría en dos juicios célebres.

---

31 Ver *Cine y matemáticas: Resolviendo problemas* de José M. Sorando (Guadalmazán. 2016), pp. 56 a 64.

32 Ibidem, pp. 155 a 178.

En el *Libro I de los Reyes* (3: 16-28), se cuenta cómo resolvió el rey Salomón (1000-931 a. C.) la disputa entre dos madres, cada una de un hijo. Uno de los dos niños había muerto y las dos decían ser la madre del niño vivo. El rey de Israel ordenó:

> —Partid en dos al niño vivo, y dad la mitad a la una y la otra mitad a la otra.
>
> Entonces la mujer de quien era el hijo vivo habló al rey (porque sus entrañas se le conmovieron por su hijo), y le dijo:
>
> —¡Ah, señor mío! Dad a ésta el niño vivo, y no lo matéis.
>
> —Ni a mí ni a ti; ¡partidlo! —dijo la otra.
>
> Entonces el rey respondió:
>
> —Entregad a aquella el niño vivo, y no lo matéis; ella es su madre.

Ese episodio bíblico ha dado nombre a las soluciones equitativas como salomónicas. Hay dos tipos de juicios: Los juicios basados en la ley, sea esta justa o no; y los juicios de equidad, basados en principios de justicia universal. El salomónico es de este último tipo.

En *El Quijote* (segunda parte, cap. LI) [32] es Sancho Panza, eventual gobernador de la Ínsula Barataria, quien debe impartir justicia y parece decantado hacia la solución salomónica. Le plantean esta paradoja:

> —Señor, un caudaloso río dividía dos términos de un mismo señorío (y esté vuestra merced atento, porque el caso es de importancia y algo dificultoso). Digo, pues, que sobre este río estaba un puente, y al cabo de él, una horca y una como casa de audiencia, en la cual de ordinario había cuatro jueces que juzgaban la ley que puso el dueño del río, del puente y del señorío, que era en esta forma: «Si alguno pasare por este puente de una parte a otra, ha de jurar primero a dónde y a qué va; y si jurare verdad, déjenle pasar, y si dijere mentira, muera por ello ahorcado en la horca que allí se muestra, sin remisión alguna» (...)
>
> Sucedió, pues que, tomando juramento a un hombre, juró y

> dijo que iba a morir en aquella horca que allí estaba, y no a otra cosa. Repararon los jueces en el juramento y dijeron: «Si a este hombre le dejamos pasar libremente, mintió en su juramento, y, conforme a la ley, debe morir; y si le ahorcamos, él juró que iba a morir en aquella horca, y, habiendo jurado verdad, por la misma ley debe ser libre». Pídese a vuestra merced, señor gobernador, qué harán los jueces con tal hombre (...)

El caso planteado recuerda a otras paradojas famosas, como la paradoja del barbero, que dice así: «El único barbero del pueblo debe afeitar a todos los hombres que no se afeitan a si mismos. ¿Quién debe afeitar al barbero?» Si lo hace el propio barbero, se estará afeitando a si mismo e incumplirá el precepto que le obliga a no hacerlo. Pero si no se afeita, pertenecería al conjunto de quienes deben ser afeitados por el barbero y también estaría incumpliendo la norma. La paradoja nace de una mala partición del conjunto de hombres del pueblo entre «los que se afeitan a si mismos» y «los que no se afeitan a si mismos».

Esas paradojas mantuvieron en jaque a los lógicos hasta que Bertrand Russell (1872-1970) desarrolló la Lógica de Clases. Pero Sancho, lejos de la lógica formal, aplica su sentido común.

> —Digo yo, pues, agora —replicó Sancho— que aquella parte de este hombre que juró verdad la dejen pasar, y la que dijo mentira la ahorquen, y así se cumplirá al pie de la letra la condición del pasaje.
>
> —Pues, señor gobernador —replicó el preguntador—, será necesario que el tal hombre se divida en partes, en mentirosa y verdadera; y si se divide, por fuerza ha de morir, y así no se consigue cosa alguna de lo que la ley pide, y es de necesidad expresa que se cumpla con ella.
>
> —Venid acá, señor buen hombre —respondió Sancho—: este pasajero que decís, o yo soy un porro[33] o él tiene la misma razón para morir que para vivir y pasar el puente, porque si la verdad le salva, la mentira le condena igualmente; y siendo

33 Zoquete, tonto.

> esto así, como lo es, soy de parecer que digáis a esos señores que a mí os enviaron que, pues están por igual las razones de condenarle o absolverle, que le dejen pasar libremente, pues siempre es alabado más el hacer bien que mal.

A la luz de los juicios salomónicos, parece que la equidad matemática no siempre es la mejor solución. Dicho lo cual, también diremos que los jueces deben conocer y aplicar las matemáticas elementales para resolver litigios. Veremos algunos casos.

¿Culpable o inocente?

Siendo inviable en su caso la solución salomónica, Sancho aplica el clásico criterio *in dubio pro reo* (en caso de duda, a favor del acusado). Y explica que su decisión se ha basado en el recuerdo de algo que le dijera su señor Don Quijote:

> — ...que cuando la justicia estuviese en duda me decantase y acogiese a la misericordia.

Ese criterio está íntimamente relacionado, en el derecho penal de las democracias, con la presunción de inocencia, prevista en el artículo 24.2 de la Constitución Española. Aunque no sean lo mismo[34], ambos principios tienen un punto común: No podrá condenarse a nadie de no haberse practicado contra esa persona pruebas que demuestren su culpabilidad.

La presunción de inocencia consiste en el principio de que la carga de la prueba (*onus probandi* en el lenguaje jurídico) debe recaer sobre la acusación y no sobre la defensa. Es decir,

---

34 La presunción de inocencia se desenvuelve en la fase de diligencias probatorias, en cuanto en virtud de ella para continuar el proceso es necesaria la obtención de pruebas de cargo respetando las garantías procesales y que estas tengan contenido incriminador suficiente. El *in dubio pro reo* se aplica en el campo de la estricta valoración de las pruebas: Cuando el Juez o Tribunal no consigue una convicción sobre la verdad de los hechos, deberá absolver al acusado.

«nadie es culpable en tanto no se demuestre su culpabilidad», frente al principio opuesto, que sería la necesidad de demostrar la inocencia. En regímenes totalitarios rige este segundo perverso principio que convierte a cada persona en sospechosa (en España estuvo vigente durante el franquismo).

Una decisión judicial siempre tiene alguna probabilidad de ser errónea; bien por la absolución de un culpable, o bien por la condena de un inocente. La aplicación de los citados principios garantiza el mal menor: Si se absuelve a un culpable, el mal provocado consiste en que un culpable queda libre; mientras que si se condena a un inocente, el mal es doble, pues un inocente ha sido condenado y además un culpable ha quedado libre. Es el mismo criterio de decisión que en las matemáticas, en la estadística inferencial, orienta los contrastes de hipótesis. De forma resumida, consisten en lo siguiente:

> Las *hipótesis estadísticas* son suposiciones realizadas sobre el valor de algún parámetro de una población (puede ser la media de estaturas, el porcentaje de fumadores, etc.). Esa suposición parte de una comprobación realizada en una muestra, mediante métodos matemáticos.
>
> Se plantea la llamada *hipótesis nula,* que generalmente es la que corresponde a la situación más sencilla y se denota H_0. Por ejemplo, si tras tallar a los alumnos de una clase se observa un aumento de la estatura media con respecto a otros años, la hipótesis nula puede ser que «la estatura de la población no ha aumentado y el incremento observado en ese grupo es fruto del azar». La hipótesis nula se formula con el propósito de rechazarla.
>
> *Contrastes de hipótesis* son los métodos que permiten determinar si las muestras observadas difieren significativamente de los resultados esperados y, por tanto, ayudan a decidir si se acepta o se rechaza la hipótesis nula.
>
> Al tomar una decisión acerca de hipótesis estadísticas no tendremos una certeza absoluta, tan sólo una probabilidad, más o menos alta, de acertar. Podremos cometer errores de dos tipos:

Error de tipo I: Se comete al rechazar la hipótesis nula H_0 cuando es verdadera.

Error de tipo II: Se comete al no rechazar la hipótesis nula H_0 cuando es falsa.

Interesa tomar decisiones minimizando estos errores, pero no es una cuestión sencilla, pues un intento de disminuir un tipo de error suele ir acompañado de un crecimiento del otro tipo. En la práctica, se intenta disminuir el error más grave.

Volviendo al campo jurídico, la hipótesis nula es la culpabilidad del acusado; el error de tipo I es la absolución de un culpable; y el error de tipo II es la condena de un inocente. Existen tesis doctorales que relacionan la inferencia estadística con las decisiones judiciales.

Del anterior paralelismo podemos extraer dos conclusiones. Una, que aunque no se exprese como tal, el razonamiento matemático se cuela en casi todos los campos. Y la otra, que Sancho Panza sabía más de lo que él mismo pensaba.

Autoridad y saber no siempre coinciden

Pierre de Fermat (1601-1665) fue un juez en Toulouse (Francia), gran aficionado a las matemáticas; tanto que ha pasado a la historia de esta ciencia por haber realizado importantes aportaciones en varias de sus ramas. Pero no todos sus colegas de la judicatura han mostrado la misma sagacidad matemática, no ya en cuestiones de vanguardia, sino tan solo en el conocimiento básico de los diferentes tipos de números. Así quedó en evidencia con motivo de un juicio a propósito de la representación sindical en la empresa Estinorte S.L. de la Ría de Vigo (Pontevedra). Se realizaron en 1995 las Elecciones Sindicales para elegir al Comité de Empresa de 9 miembros. La Mesa Electoral contabilizó 89 votantes, de 114 electores, que dieron el siguiente escrutinio: 2 votos en blanco, 44 votos para UGT, 28 votos para CIG y 15 votos para CGT.

Para distribuir los 9 puestos del Comité de Empresa, la legislación vigente dictaba proceder de la siguiente manera:

> El total de votos válidos se divide entre el número de puestos a cubrir para obtener el cociente que determine la proporcionalidad de la representación. El total de votos de cada lista se divide, entonces, entre ese cociente de la operación anterior y se obtiene, así, el número de representantes que consigue cada candidatura. Si quedara algún puesto sin asignar, se atribuirá a las listas que tengan un mayor resto de votos.
>
> En caso de empate resultará elegido el candidato de mayor antigüedad en la empresa.

La Mesa Electoral hizo así el reparto:

- Cociente que determina la proporcionalidad:
  87 votos/ 9 puestos = 9,666666
- Representantes para la primera lista (UGT):
  44 votos/ 9,666666 = 4,551724 → 4 puestos
- Representantes para la segunda lista (CIG):
  28 votos/ 9,666666 = 2,896551 → 2 puestos
- Representantes para la tercera lista (CGT):
  15 votos/ 9,666666 = 1,551724 → 1 puesto

Los 2 representantes que quedan por atribuir se asignan según los restos. A la segunda lista (CIG) le corresponde 1 por mayor resto. ¿A qué candidatura corresponde el 9º representante?

Se produce desacuerdo en la asignación de ese noveno puesto. La Mesa Electoral y, posteriormente, un Árbitro se lo asignan a la tercera lista (CGT), ya que «hay empate en los restos» de las listas primera y tercera y el candidato de la tercera es más antiguo que el de la primera.

No conforme el sindicato UGT, el conflicto se somete al Juzgado de lo Social Núm. 4 de Vigo (Procedimiento 685/95).

En la demanda se alega que «no hay empate en los restos». Para ello se opera con 9,666666 y se toma un cociente con siete cifras decimales (antes se había hecho con seis).

Entonces:

Para UGT: 44 votos/ 9,666666 = 4,5517245
Para CGT: 15 votos/ 9,666666 = 1,5517242

Según estos cálculos, el noveno delegado debería ser para UGT.

En el acto del Juicio Oral, el sindicato CGT defiende que hay empate matemático de restos de las dos listas aspirantes. Para ello se opera con el valor 87/9, dada la inexactitud del valor 9'666666... El resultado para cada lista es un número mixto en el que la parte fraccionaria, que expresa el resto, es idéntica en ambas operaciones. Se entrega un escrito con estas operaciones y queda unido a los Autos.

Entonces:

Para UGT... 44 votos : 87/9 = 4 + 48/87
Para CGT... 15 votos : 87/9 = 1 + 48/87

Por lo tanto se considera que hay un empate y que el noveno delegado se debe asignar a CGT por mayor antigüedad.

El Magistrado, el 11-9-1995 dicta Sentencia:

> PRIMERO.- Aceptan las partes que el número de votos a computar es el de 87 excluyendo los dos votos en blanco, aplicándose así el art. 12-1 del RD 1844/94 de 9 de septiembre aunque este precepto reglamentario no se adapte claramente a lo dispuesto en el art. 71-2-b) E.T. siguiendo así el criterio de la Comisión Nacional de Elecciones Sindicales en su reunión de 5-11-86, consecuentemente el divisor a tener en cuenta es el de 9,6... y con tal división los restos que se producen son 4 : 9,6 = 4,583 a favor de UGT y 15 : 9,6 = 1,562 a favor de CGT. Consecuentemente no existe el empate que se dice en el laudo arbitral sino que los cocientes que obtiene UGT son siempre en sus decimales superior al de la codemandada CGT y por tanto debe atribuírsele el noveno delegado a favor de la demandante UGT, acogiéndose la demanda formulada

sin necesidad de acudir al criterio de mayor antigüedad del candidato que prevé el art. 12 del R.D. 1844/94.

SEGUNDO.- Contra esta resolución a tenor del art. 136 de la L.P.L. no cabe recurso alguno.

El conflicto surgió porque el número 87/9 no es un número decimal exacto, sino periódico. La Mesa Electoral lo aproximó con 6 cifras; y también lo hizo UGT. Pero ambos difirieron en el número de cifras del cociente resultante. CGT no operó con decimales, sino con la fracción misma, sin cometer error de aproximación alguno. Por último, el juez aproximó la fracción con un único decimal. La suya fue una aproximación grosera, pero por ser el juez suya fue también la última palabra; aunque de todos fuera quien peor competencia matemática mostró. A su vez, la parte perjudicada (CGT) fue la más competente con los números racionales. Fue para ellos un triste consuelo matemático.

Sentencias medidas

Un error de 5 mm al hacer una medición, ¿es poco o es mucho? Cinco milímetros tal vez parezcan poca cosa, pero de ellos puede depender un puesto de trabajo. Informaba *Heraldo de Aragón* (22-02-1985):

El 30 de enero de 1982, el municipio sevillano convocó oposiciones para cubrir 84 plazas vacantes en el cuerpo de Policía Municipal. Uno de los requisitos exigidos era que las mujeres que quisieran acceder debían tener una talla no inferior a 1,63. Cristina G. fue admitida, y superó brillantemente todas las pruebas intelectuales, pero cuando se la talló al final de la oposición el resultado dado a conocer por el tribunal fue 1,62, por lo que quedó excluida para cubrir la plaza La opositora no estuvo de acuerdo con la medición, y aportó un certificado del Colegio de Médicos en el que se afirmaba que su talla era de 1,640, por lo que solicitó que fuera tallada de nuevo. El tribunal accedió y el resultado volvió a ser de 1,628, porque definitivamente fue eliminada. ¿Se trataba de un chanchullo municipal?

La frustrada opositora interpuso un recurso contencioso-administrativo ante el Tribunal Superior de Justicia, Sala de lo Contencioso-Administrativo de Sevilla. Por acuerdo de la Sala, un médico forense midió a Cristina dos veces, y el resultado fue de 1,633 metros, es decir, 5 mm más que en la anterior medición y, ahora sí, por encima del mínimo exigido. La Sala sentenció que el Ayuntamiento de Sevilla debía admitir como policía municipal a Cristina G.[35]

Regresemos a la cuestión: Un error de 5 mm ¿es poco o es mucho? La respuesta a esa pregunta puede depender, como en el caso de la opositora sevillana, de sus repercusiones. Desde las matemáticas, se responde hablando de *error relativo*, que es el cociente entre el error cometido y la verdadera medida. Para una mejor comprensión, el resultado de dicha operación se expresa como porcentaje. Es la forma de relativizar el error en comparación con la magnitud de lo que se está midiendo. Por ejemplo: No es lo mismo errar en 5 mm. cuando medimos la estatura de una persona que hacerlo al medir la longitud de una calle. En el caso de Cristina G, dando por buena la última medición, el error relativo e_r era:

$$e_r = 5 \text{ mm} : 1.633 \text{ mm} = 0{,}003 = 0{,}3\%$$

El resultado de una medición puede variar mucho más, no ya por la impericia del medidor, sino cuando se varía el método de medida. Es una situación que también ha llegado a los tribunales. Titulaba Europa Press (16-08-2015): «Sancionado un

35 Si alguna vez se vieran en un brete similar, pidan ser medidos al levantarse tras un prolongado reposo. Las 33 vértebras de la columna están separadas por discos elásticos. En postura horizontal se van descomprimiendo y durante el día, en vertical o sentados, se vuelven a comprimir. La diferencia de estatura entre ambas situaciones puede superar el centímetro (en personas muy altas, hasta 3 o 4 cm).

guardia civil que midió de forma irregular el alejamiento entre una mujer y su expareja». Y explicaba:

> El Tribunal Supremo confirmó la pena de pérdida de dos días de haberes impuesta a un sargento de la Guardia Civil destinado en un municipio de Badajoz por la medición irregular de la distancia entre el domicilio de una mujer que acudió a denunciar la cercanía de su expareja, contra la que pesaba una orden de alejamiento, y el pub en el que este se encontraba. El mando ordenó que la medición se hiciera por la acera, lo que permitió que se superara la distancia mínima acordada en la medida cautelar.

La mujer había denunciado que su expareja se encontraba en el interior del pub, distante a menos de cien metros de su vivienda. El sargento acordó tomar declaración al dueño del pub y verificar la distancia entre el local y el domicilio de la mujer, para lo que dotó de un rodillo de medición a dos agentes, a los que ordenó que la realizaran a pie de calle y por las aceras. Resultaron 120,05 metros, lo que superaba los 100 metros establecidos en la orden de alejamiento. La mujer, al ser informada de esta circunstancia presentó denuncia contra el sargento, alegando que este se había negado a realizar la medición en línea recta con la intención de evitar la detención de su expareja.

Se realizó una nueva medición, utilizando en esta ocasión otro sistema denominado Visor Cos Gis, proporcionado por la Dirección General de la Guardia Civil, que dio como resultado 75,322 metros. El Supremo rechazó el recurso del sargento y confirmó la sanción que se le impuso como autor de una falta de «negligencia o inexactitud en el cumplimiento de los deberes u obligaciones, de las órdenes recibidas o de las normas de régimen interior».

La clave del anterior fallo está en que la sentencia de alejamiento especificaba que la distancia debía considerarse en línea recta. De no ser así, la razón matemática hubiese estado en ambas partes pues «distancias» hay muchas. Se llama *distancia* a cualquier función matemática que a cada par de puntos asocia un número y que cumple cinco propiedades[36] muy precisas.

En la geometría euclídea, que es la conocida geometría escolar, la distancia más corta entre dos puntos la da el segmento entre ambos de la línea recta que los une. Pero en la ciudad esa distancia es imposible de cubrir a pié; no podemos atravesar edificios. Se habla de una «geometría del taxista», aquella donde las «rectas» siguen el trazado de las calles. Es una geometría donde, por ejemplo, la distancia más corta entre dos puntos puede cubrirse por varios caminos alternativos y entre ellos puede haber varios puntos medios. La distancia vigente en esa particular geometría cumple todas las propiedades de la definición matemática; así que, efectivamente, es una distancia. De modo que, si la orden de alejamiento no hubiera sido precisa en el método de medición, las dos partes hubieran tenido razón. Cada una con una geometría.

Decimales a juicio

En el caso de la opositora sevillana vimos la importancia que pueden tener 5 milésimas de metro. Menores todavía son los decimales que provocaron un litigio que, sin embargo, tuvo mayor envergadura social. Europa Press publicaba (27-01-2011) este titular: «Caixa Tarragona deberá devolver el redondeo al alza en las hipotecas». El Tribunal Supremo había confirmado la nulidad por abusiva de la cláusula de redondeo al alza incluida en las hipotecas a interés variable de Caixa d'Estalvis de Tarragona. Esa cláusula, establecía «un redondeo por exceso al cuarto de punto superior», respecto del Euribor (tipo de interés que se toma de referencia para las revisiones anuales del interés aplicable al préstamo hipotecario).

Veamos un ejemplo práctico:

36 Una distancia es no negativa; es simétrica; cumple la desigualdad triangular; la distancia de un punto a si mismo es nula; y si la distancia entre dos puntos es nula, ambos puntos son el mismo.

En enero de 2011, cuando se emite la sentencia, el Euribor estaba en 1,55%. Pensemos que 1,55% = 0,0155; es decir, estamos hablando de números hasta las diezmilésimas, pero cuya repercusión posterior llega mucho más arriba.

Se estaban concediendo hipotecas con interés variable de «Euribor + 1,25%», lo cual llevaría el tipo de interés teórico en ese mes al 2,8%. La cláusula citada elevaba el tipo de interés efectivo al 3% (los «cuartos de punto» tienen como cifras decimales 25, 50, 75 y 00, que es este caso).

Supongamos una hipoteca de 200.000 euros al citado interés y a 25 años. En el caso de mantenerse el Euribor, la cuota a pagar sería:

Sin el redondeo: 927,75 € al mes.

Con el redondeo: 948,42 € al mes.

La cantidad que por culpa del redondeo se pagaba en exceso era: 20,67 € al mes; 248,04 € al año; 6.201 € en total.

Multiplíquese ese exceso de cuota por los miles de hipotecas concedidas y se verá que un interesado redondeo al alza con diezmilésimas hasta el cuarto de punto superior suponía a la entidad ganancias millonarias. La sentencia condenó a la caja de ahorros a eliminar dicha condición general incluida en sus contratos hipotecarios y a abstenerse de utilizarla en el futuro. Además, la entidad bancaria debía proceder a la devolución de las cantidades cobradas en exceso.

¿Proporción o porcentaje?

Publicaba el diario *Alto Aragón* (12-10-2017) estas palabras de la Consejera de Educación del Gobierno de Aragón:

> Hay un error de interpretación por nuestra parte y estamos intentando entender qué diferencia hay entre porcentaje y proporción.

Una duda matemática convertida en asunto judicial y político. Se trata de lo siguiente. La escolarización de los Alumnos con Necesidades Educativas de Apoyo Específicas (Acneae) se viene produciendo de forma desigual, recayendo en mayor medida sobre los centros públicos y siendo menor en los centros privados concertados (también sostenidos con fondos públicos). Se trata de alumnos con discapacidades, así como otros con retraso escolar severo, con historial conflictivo o pertenecientes a grupos vulnerables, etc. Todos ellos requieren una atención especial. Un centro con gran incidencia de esa situación es un colegio público de Huesca, que ha llegado a rozar el 40% de Acneeas.

A raíz de una denuncia que puso la Asociación de Madres y Padres (Amypa) de dicho colegio, el Tribunal Superior de Justicia de Aragón (TSJA) exigió a la Administración que se fijara la proporción de Acneeas que debe escolarizar cada centro sostenido con fondos públicos, considerando necesaria la aplicación de «medidas decididas para superar la innegable existencia de centros públicos segregados».

Con ese loable propósito, el 15 de junio de 2017, el Departamento de Educación del Gobierno de Aragón publicó una orden que establecía un porcentaje máximo del 20% de Acneeas en cada centro, cuando antes el máximo era del 30%.

La mencionada Amypa consideró que hasta ese máximo del 20% caben muchas diferencias entre centros y que no se garantiza así el equilibrio exigido. Interpuso una nueva denuncia y nuevamente el TSJA les dió la razón, anulando la orden del 15 de junio y recordando en su sentencia que «el porcentaje máximo en el que se empeña el departamento y la proporción concreta que fija la ley no son términos en modo alguno asimilables pues lo que la normativa establece, ante todo, es el equilibrio de este tipo de alumnado entre todos los centros para lograr la igualdad en la calidad educativa y la cohesión social».

Vayamos a la parte matemática del asunto:

Una *razón* es el cociente entre dos números que, tratándose de alumnos, son números naturales; es decir, una razón es una fracción.

> Ejemplo: Si en el colegio A hay 16 Acneeas de un total 80 alumnos, la razón 16/80 expresa la situación. Si en el colegio B hay 24 Acneeas de un total de 105 alumnos, la razón es 24/105.

Un *porcentaje* es una razón en cuyo denominador aparece el número 100. Aunque en este caso no sea 100 el número de alumnos de cada colegio, al hacer referencia a ese común denominador, los porcentajes permiten comparar mejor colegios con poblaciones desiguales.

Ejemplo:

En el colegio A hay un 20% de Acneeas (15/80 = 0,2 = 20/100)

En el colegio B hay un 16% de Acneeas (24/105 = 0,16 = 16/100).

De modo que, aunque en B haya un número total de Acneeas más alto (15<24), en A su incidencia es mayor (20% > 16%).

Una *proporción* es la igualdad de dos razones.

Ejemplo:

No hay proporción entre la presencia de Acneeas en A y en B, ya que 15/80 no es igual que 24/105; o, lo que es lo mismo, el 20% no es el 16%.

Volviendo al caso del colegio oscense, tienen razón los padres y madres al decir que un porcentaje máximo no asegura la equidad en el reparto. Sorprende que el problema, según la consejera, sea «entender qué diferencia hay entre porcentaje y proporción», duda que se puede solventar consultando un libro de texto de Matemáticas de 1º ESO.

La dificultad real para la Administración probablemente sea la de redistribuir a los Acneeas, imponiendo «la igualdad en la calidad educativa y la cohesión social» de que habla la sentencia, por encima de criterios de conveniencia de familias y centros.

Cualquier persona con una competencia numérica básica daría un respingo al escuchar o leer este titular: «El juez reclama al Fondo de Garantía 1.122 billones por la quiebra del Banco Valladolid» (Agencias. 17-01-2005).

No es inusual la confusión entre millones y billones, que suelen deberse a una mala traducción de noticias que llegan de EE.UU. Para los norteamericanos, un billón son mil millones (un millardo para nosotros), mientras que en el resto del mundo un billón es un millón de millones. Pero esta información se había generado en España, no en EE.UU.

También podía tratarse de un error mecanográfico. Pero el texto del auto del juez recoge de manera específica la consignación de «1.021.877.955,54 millones de euros de principal más 100.000.000 millones de gastos y costas».

Esa enorme cantidad equivalía a 1.400 veces el PIB español de la época (este era de 743.000 millones de euros en el 2003). Es evidente que sobraban ceros. Uno de ellos es la nota que pondremos al sentido numérico de su señoría.

La legislación y el derecho pertenecen al amplio campo de conocimientos que se suelen denominar «las Letras». Los anteriores casos, y otros más complejos cuya exposición sobrepasa el alcance de este libro, muestran que también esos profesionales «de Letras» precisan competencia matemática; al igual que las gentes «de Ciencias» deben ser solventes en tantos asuntos «de Letras» como pueblan sus vidas. La disyuntiva entre Letras o Ciencias está viciada de raíz y solo produce, en palabras de Fernando Savater[37], «hemiplejia cultural». Unas y otras son irrenunciables.

37 Savater se pregunta [33]:

> *Pero qué son las humanidades? Supongo que nadie sostiene que estudiar matemáticas o física son tareas menos humanistas, no digamos menos «humanas», que dedicarse al griego o a la filosofía.*

Capítulo 20

TOPOLOGÍA URBANA

En los parques de mi ciudad hay unos carteles donde se representan de forma esquemática sus plazas y caminos, aunque no son totalmente fieles a la realidad. Se tratan más bien de un logotipo.

Paseos por el parque

Al ver el cartel, me pregunté. ¿Será posible, partiendo de una plaza, recorrer todos los caminos del parque así representado, sin pasar dos veces por el mismo camino?

Debo confesar que dicha pregunta y su posterior respuesta estaban influenciadas por la analogía con una situación similar que en 1737 resolvió el gran matemático Leonhard Euler (1707-1783), por cuyo motivo los recorridos que cumplen la condición buscada reciben el nombre de eulerianos. En aquel caso, sus vecinos de la ciudad prusiana de Königsberg (hoy, la rusa Kaliningrado) se preguntaban si sería posible realizar un similar recorrido por todos los puentes que enlazaban las dos orillas y las dos islas del río Pregel. Eso me hacía jugar con ventaja pero, de cualquier forma, es una placer recrear un pasaje de la historia de las matemáticas.

Razoné como Euler, de la siguiente forma. Los recorridos pueden ser de dos tipos: Tipo 1, aquellos que comienzan y terminan en la misma plaza; y Tipo 2, aquellos que comienzan en una plaza y terminan en otra distinta.

En un recorrido del Tipo 1, distinguimos:

- La plaza que es a la vez de comienzo y final del paseo. De ella sale el camino inicial y llega el camino final del recorrido (en tal caso, estará conectada a 2 caminos); o bien sale un camino, regresa un segundo camino, sale un tercero y regresa otro camino final (entonces, conectada a 4 caminos); o bien 6 caminos; o bien 8 caminos; etc. Siempre un número par de caminos.
- El resto de las plazas son de paso, así que llegará un camino y saldrá otro (2 caminos); o llegará uno, saldrá un segundo camino, llegará un tercero y saldrá otro (4 caminos); o bien 6 caminos; o bien 8 caminos; etc. Siempre números pares de caminos.
- Luego, para un recorrido del Tipo 1 todas las plazas deben estar conectadas a números pares de caminos.

En un recorrido del Tipo 2, distinguimos:

- La plaza de comienzo del paseo. De ella, o bien solo sale el camino inicial (1 camino); o bien sale ese camino, llega un segundo camino y sale otro (3 caminos); o bien 5 caminos; o bien 7 caminos; etc. Siempre un número impar de caminos.

- La plaza de final del paseo. A ella, o bien solo llega el camino final (1 camino); o bien llega un camino, sale un segundo camino y llega otro (3 caminos); o bien 5 caminos; o bien 7 caminos; etc. Siempre un número impar de caminos.
- El resto de las plazas son de paso, así que, o bien llegará un camino y saldrá otro (2 caminos); o llegará uno, saldrá un segundo camino, llegará un tercer camino y saldrá otro (4 caminos); o bien 6 caminos; o bien 8 caminos; etc. Siempre números pares de caminos.
- Luego, para un recorrido del Tipo 2, los números de caminos de las dos plazas de salida y de llegada deben ser impares, mientras que para todas las demás plazas deben ser pares.

Sabiendo lo anterior, ya solo hay que contar en el cartel del parque los caminos que llegan a cada una de las plazas, que son: 2, 5, 2, 4, 2, 4 y 3.

Como hay dos plazas impares (5 y 3), el paseo propuesto es posible. Será un paseo del Tipo 2, empezando en una de ellas y terminando en la otra.

Una geometría diferente

Los genios han demostrado serlo no solo por haberse ocupado de grandes asuntos, sino también por haber sabido detectar el potencial de ideas que encerraban situaciones en apariencia intrascendentes. Así ocurrió, por ejemplo, cuando un compañero de viaje planteó a Blas Pascal (1623-1662) unas preguntas sobre apuestas en juegos de dados. La posterior correspondencia entre Pascal y Fermat a propósito del tema fue el origen del estudio matemático de los fenómenos de azar. De una conversación entre desconocidos, a bordo de un carruaje, nació el cálculo de probabilidades.

Otro tanto puede decirse de los paseos en Königsberg. Su resolución reveló a Euler la existencia de un tipo de geometría hasta entonces desconocida. No lo resolvió sobre un mapa de la ciudad, sino sobre un esquema parecido al de los carteles que vimos en el parque (se le llama *grafo*), donde representó las orillas con puntos (se les llama nodos) y los puentes con segmentos (caminos). Fue el comienzo de la teoría de grafos. El alcance de esta ha llegado mucho más allá que aquel pasatiempo de ciudadanos ociosos. Por ejemplo, se aplica para establecer la conectividad en Internet y especialmente en el campo de la logística. Imaginemos el grafo que entre varias capitales forma la red de carreteras que las conecta. A lo largo de esas vías de comunicación hay localidades. Un repartidor debe pasar por todas ellas, evitando recorrer dos veces la misma carretera. Al trazar la ruta está buscando un camino euleriano.

Euler se dio cuenta además de que en esta situación no importan ni las distancias ni los ángulos, tan solo importa la situación relativa de los elementos que intervienen en el problema, cuántos caminos llegan a cada nodo y qué nodos conecta cada camino. La anterior teoría es parte de esa nueva geometría de la posición, una geometría sin medidas que recibe el nombre de topología.

La *topología* estudia las propiedades de las figuras que no cambian (se les dice invariantes) por transformaciones continuas. Imaginemos el mapa del parque dibujado sobre una goma deformable. Aunque la estiremos y retorzamos, siempre que mantengamos la continuidad de la superficie y no provoquemos en ella rupturas, cambiarán las distancias y los ángulos del mapa, pero la solución al problema seguirá siendo la misma.

Los mapas del metro

El metro de Londres (llamado Underground o popularmente conocido como The Tube) fue el primero del mundo. Entró en servicio el 9 de enero de 1863. Hoy cuenta con 11 líneas, 274 estaciones y más de 408 km activos (en esto es el primero de Europa y el segundo del mundo, tras Shanghai). Cada día mueve a unos 3 millones de pasajeros y es un emblema ciudadano. Su logotipo, sus rótulos (el famoso *Mind the gap* «Cuidado con el hueco» de los andenes) e incluso su mapa forman parte de la emblemática y *merchandising* de la ciudad. Son iconos que se venden impresos en camisetas, tazas, chapas, etc. Ese mapa también fue pionero y es un mapa topológico. Conozcamos su historia.

Los mapas del metro londinense eran originalmente como planos de las calles, fieles a la realidad, con los mismos ángulos y con distancias a escala por tanto, donde las líneas de metro estaban superpuestas. Pero al extenderse la red viaria fue necesario ampliar la superficie representada en los mapas. Eso condujo a una reducción de la escala y el consiguiente amontonamiento de las estaciones centrales que hacía difícil su lectura. Si se quería conservar la separación de estas para que fueran legibles, así como el tamaño de sus rótulos, manteniendo la escala, entonces el tamaño de los mapas necesario para que alcanzasen a abarcar el extrarradio se hacía tan grande que resultaban inmanejables.

Henry Beck (1902-1974) era un ingeniero que en 1931 fue contratado para hacer un nuevo diseño del mapa del metro de Londres. Beck se percató de que al viajero no le importa la geografía de la zona que recorre, que por otra parte no ve al ser un transporte subterráneo. Lo que le importa es conocer qué línea pasa por su estación de destino, cuál es la posición relativa de las estaciones en esa línea y en qué estaciones es posible el transbordo entre líneas. Inspirándose en el diseño de circuitos electrónicos, se propuso simplificar los mapas centrándose en esos aspectos y prescindiendo de lo demás. Aplicó un color identificador de cada línea; las dibujó mediante rectas verticales, horizontales o con 45º de inclinación; y, dentro de cada línea, separó sus estaciones uniformemente haciendo así bien legibles sus rótulos.

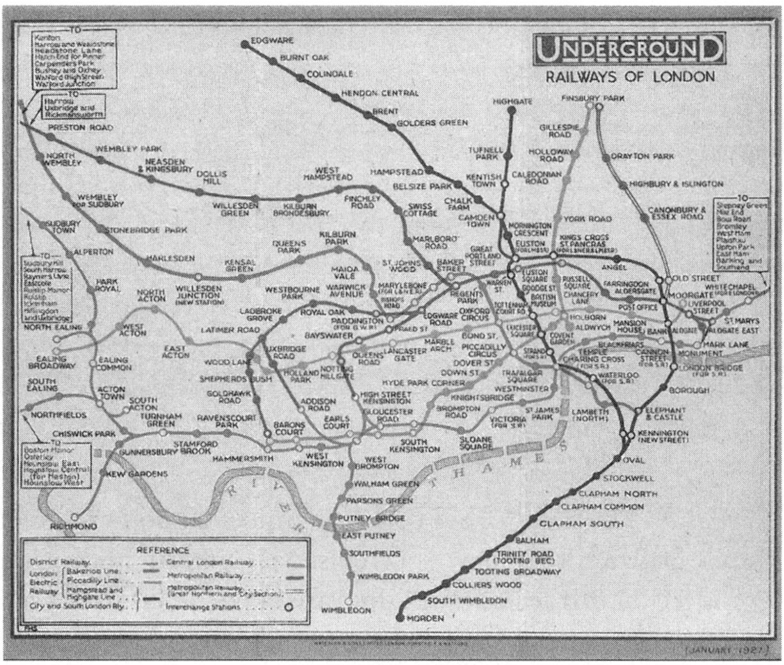

Metro de Londres 1927.

El mapa de Beck entró en uso en 1933 y pronto alcanzó gran aceptación popular. Todavía hoy sigue vigente, con los añadidos a que ha obligado la permanente expansión de este sistema de transporte en el Gran Londres. Ha sido imitado por todos los demás metros del mundo y eso facilita mucho la movilidad de los turistas en las grandes ciudades, ya que encuentran un tipo de mapas que le es familiar.

¿Por qué decimos que el mapa de Beck es topológico? Porque en realidad es un grafo, que ha sido deformado para que sea legible y sencillo, pero sin alterar las conexiones entre sus nodos. Como hizo Euler con los puentes de Königsberg. Ángulos y distancias no cuentan, solo son importantes las posiciones relativas.

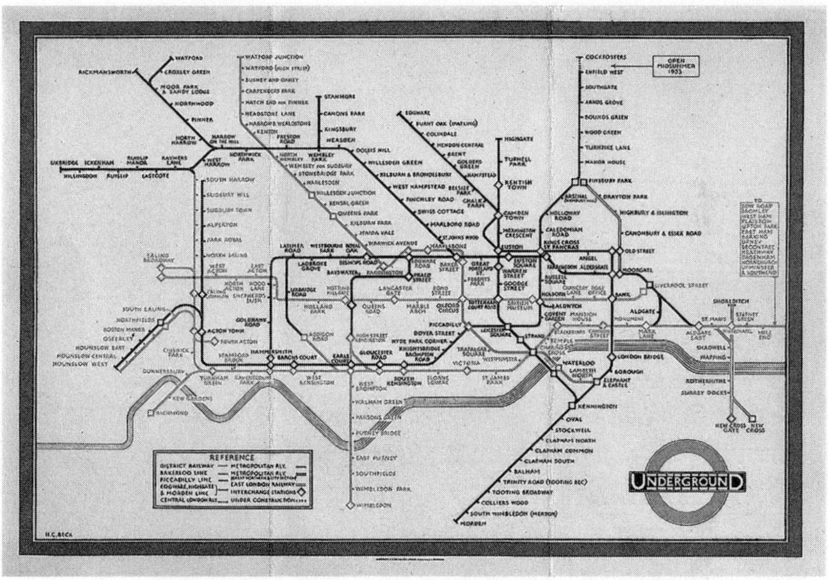

Metro de Londres 1933. Mapa de Henry Beck.

La realidad se transforma con el tiempo y las soluciones que venimos utilizando deben ser revisadas. Según un reciente estudio [34] la infraestructura de transporte de las urbes se ha complicado tanto que supera la capacidad humana de procesamiento de información. En especial, resulta difícil establecer la ruta óptima de transbordos para llegar a nuestro destino, debido a la maraña de líneas y conexiones entre estas. Se hace necesario un nuevo Henry Beck que encuentre la solución que haga a todos la vida más fácil. O tal vez un nuevo Euler.

Capítulo 21

CÁLCULOS POLÍTICOS

La democracia es una broma si los ciudadanos son analfabetos en matemáticas. La política no son palabras, son números y, al final sólo se puede juzgar por los números. El ciudadano que no entiende los presupuestos públicos es pasto de la verborrea de los políticos.

Mogens Niss (OCDE)

Con estadísticas e indicadores sociales, que son cálculos y números al fin, los políticos interpretan la realidad y elaboran sus propuestas. En base a ellas se legisla y se administra el presupuesto. Son utilizados para el debate electoral, para justificar la acción de gobierno y para ejercer la oposición.

La política requiere de los números, pero su relación con ellos no siempre está presidida por la coherencia. La objetividad matemática a veces es violentada desde los apriorismos ideológicos y desde los intereses partidarios. Por eso los ciudadanos deben estar alerta ante los mensajes que reciben de los políticos, tantas veces trufados de números incompletos y con errores. Cuando estos les benefician, podríamos pensar que son errores interesados; somos muy mal pensados. La otra opción a considerar es su incompetencia. No sabemos cuál de las dos puede preocuparnos más.

Para saber qué hay de cierto, o de engañoso o de mentira en algunas declaraciones y actos políticos, en ocasiones bastará con un poco de aritmética elemental.

Regla de los signos

El debate de las ideas no siempre es limpio y demasiadas veces deviene en contienda. Entonces, el rival político pasa a ser enemigo y pueden tejerse extrañas alianzas. Para esos casos, como ha ocurrido desde antiguo en la diplomacia y en la guerra, con frecuencia rige un antiguo principio que, curiosamente, replica fielmente la regla de los signos para el producto.

Regla de los signos	Alianzas
Más por más es más + · + = +	Los amigos de mis amigos son mis amigos
Más por menos es menos + · - = -	Los amigos de mis enemigos son mis enemigos
Menos por más es menos - · + = -	Los enemigos de mis amigos son mis enemigos
Menos por menos es más - · - = +	Los enemigos de mis enemigos son mis amigos

Debates con números

Esa contienda se agudiza durante las campañas electorales. Un acontecimiento muy esperado es el debate de candidatos, al que estos acuden pertrechados con números y gráficos sobre los que apoyar su discurso.

El lunes 25 de febrero de 2008 se produjo el primer debate televisivo entre los candidatos a la Presidencia del Gobierno de España con mejores opciones (José Luis Rodríguez Zapatero por el PSOE y Mariano Rajoy por el PP), en plena campaña electoral de las Elecciones Generales. El debate, transmitido y radiado por varias cadenas y emisoras, concitó una gran expectación y audiencia de más de 13 millones de personas. En los días posteriores se hicieron muchos análisis de lo que allí se dijo y cómo se dijo. Tantos años después, confiamos que se pueda hacer un análisis neutral desde las matemáticas (según la transcripción del debate publicada en su web por RTVE) que nos servirá como ejemplo del uso de los números en campaña.

> Rajoy: «El paro ha aumentado en 300.000 personas».
>
> Zapatero: «El paro está en la cifra más baja de toda la historia de la democracia, señor Rajoy. Yo lo encontré en el 11,5% y está ahora en el 8,5%».

La contradicción es sólo aparente. Cada cual usaba las cifras que mejor apoyaban su posición. Rajoy hablaba de números absolutos y Zapatero lo hacía de números relativos. Cualquier escolar sabe que el 8,5% de un número puede ser mayor que el 11,5% de otro; siempre que el primer número sea lo suficientemente grande. La población activa en España había crecido lo suficiente para que se produjera esa situación.

> R: «No me hable de paro, porque el señor Solbes nos dejó una tasa de paro del 22%, que era un auténtico récord. La bajamos al 11%. Y cuando nos fuimos del gobierno había 2.000.000 de parados, señor Zapatero, y ahora hay 2.200.000 parados».

Aquí se usaban otra vez los dos tipos de cifras, pero si antes lo hacían dos personas hablando del mismo intervalo de tiempo, ahora se hace para valorar dos intervalos de tiempo diferentes usando para el primero porcentajes; y para el segundo, cifras absolutas. Lo llamativo es que sea la misma persona la que incurre en ese doble rasero, según quién gobernó. Lo correcto sería usar el mismo tipo de cifras en ambos casos; y también, comparar intervalos de igual amplitud, pues se compara uno de 8 años (1996-2004) con otro de 4 años (2004-2008).

> Z: «Hemos establecido una prestación de 2.500 euros por nacimiento. Y ustedes, que tanto hablan de la familia, no hicieron ninguna prestación, ningún apoyo por nacimiento a las familias en este país. La estadística es abrumadora. Y déjeme que subraye este último ejemplo: 2.500 euros a 500.000 familias al año. Ustedes, cero euros. Quinientas mil familias dividido por cero es infinito. Lo mismo que la diferencia entre su política social y la nuestra, que es abrumadora.»

No esperábamos referencias al Cálculo Infinitesimal en este debate...

> R: «Durante su gobierno el precio de la vivienda ha subido un 43%».

> Z (mostrando un gráfico con un diagrama de barras con una zona creciente en color azul, correspondiente a los años de gobierno del PP, y otra decreciente en color rojo, correspondiente a los últimos años de gobierno del PSOE): «Esta es la evolución del precio de la vivienda con el gobierno del Partido Popular, que llegó al máximo histórico. Y la evolución con el Partido Socialista, que ha ido decreciendo hasta estar en una subida del 4,8%».

> Z: Sí, señor Rajoy, lo cierto es que con ustedes subió el precio de la vivienda a los niveles máximos; y que con nosotros ha bajado.

Entonces, el precio de la vivienda con el PSOE ¿había subido hasta el 4,8% o había bajado? Había una confusión en las afirmaciones de Zapatero. La gráfica mostrada no era de los precios de la vivienda, sino de las subidas anuales del precio de la vivienda. Con el PSOE la vivienda había seguido subiendo, pero en menor medida que antes. En lenguaje matemático, la función del precio de la vivienda seguía siendo creciente, pero tuvo un punto de inflexión y, si antes crecía cada año más que el anterior, muy por encima del IPC, entonces crecía cada vez con menor pendiente hasta llegar a hacerlo en valor similar al IPC.

El 3 de marzo se produjo el segundo debate, en el cual ambos candidatos afirmaron que como presidentes del Gobierno reforzarían la enseñanza de las Matemáticas. A pesar de ello, en este nuevo cara a cara encontramos menos afirmaciones susceptibles de análisis matemático.

Es de destacar que Zapatero enmendó su anterior confusión acerca del crecimiento del precio de la vivienda.

> Z: «El incremento del precio de la vivienda ha ido decreciendo hasta llegar al 4,8%».

Y como novedad curiosa, la siguiente pregunta de Rajoy, suponemos que retórica[38]:

> Z: «Nosotros hemos firmado una decena de acuerdos con países, fundamentalmente del África subsahariana».
>
> R: «¿Puede decirme...? ¿Una decena son diez?».

Pasadas las elecciones se abren los debates sobre la gestión. En ellos nuevamente se enfocan los números desde las propias posiciones. El 26 de marzo de 2011, la prensa informaba de la controversia surgida a propósito de la deuda del Ayuntamiento de Madrid, entre el alcalde de entonces, Alberto Ruiz Gallardón y el jefe de la oposición Jaime Lissavetzky.

> Gallardón: «Cada madrileño debe 1.972 euros, cantidad que es cinco veces menos que lo que debe cada madrileño por la deuda del Señor Zapatero, 10.376 euros».
>
> Lissavetzky: «El alcalde, de matemáticas no anda muy bien. Si el Presupuesto General del Estado es 67 veces mayor que el del Ayuntamiento, y solamente se debe cinco veces más, que eche la cuenta. Cuando una cosa es más grande, se debe más dinero. Que aprenda a hacer cuentas, por favor».

38 Seguro que lo era, aunque un tiempo después él mismo confesaba sus apuros con las matemáticas escolares de su hijo de 12 años (La Voz de Asturias 16-02-2011).

Nuevamente, el debate se establecía entre cifras absolutas y cifras relativas. Como decía Gallardón, 1.972 € son menos que 10.376 € y esta cantidad es 5,26 veces mayor que aquella. Como decía Lissavetzky, de mantenerse el mismo porcentaje de endeudamiento estatal por madrileño, este debería ser mayor que su endeudamiento municipal. Pero Lissavetzky daba a entender que en tal caso debería ser 67 veces mayor, ya que el Presupuesto General del Estado (PGE) era 67 veces el presupuesto municipal. (PM); es decir PGE = 67 · PM. Ese argumento no sería correcto.

En 2011, la ciudad de Madrid contaba con 3,265 millones de habitantes, un 6,92% de la población española (47,19 millones). Entonces, si se aplicara una estricta proporcionalidad (en la realidad no la hay), la parte estatal del PGE correspondiente a los madrileños sería:

$$6{,}92\% \text{ de } 67 \cdot PM = 0{,}0692 \cdot 67 \cdot PM = 4{,}635 \cdot PM$$

En resumen, con un presupuesto estatal por madrileño 4,635 veces mayor que el correspondiente presupuesto municipal, su endeudamiento estatal era 5,26 veces mayor que su endeudamiento municipal. Casi se mantenía la proporción entre unos y otros. No cabía el reproche político cruzado.

El error de Gallardón consistía en limitarse a números absolutos. El error de Lissavetzky, en atribuir a los madrileños todo el presupuesto estatal, cuando solo les corresponde un 6,92%. Uno ignoró la proporcionalidad y el otro la aplicó mal.

El pensamiento matemático nos ayuda a comprender, analizar y, llegado el caso, criticar mejor estas controversias que, a la postre, nos conciernen.

Números de conveniencia: EPA y PISA

Hacer una lectura parcial o una simplificación de los datos puede afectar de forma importante a su interpretación. Algo de eso se produce cuando periódicamente se presentan los resultados de la EPA (Encuesta de Población Activa) y del Informe PISA (Programa Internacional para la Evaluación de Estudiantes de la OCDE). En ambos casos es frecuente hacer lecturas en clave política sin atender a detalles fundamentales.

Cada tres meses, los datos de la EPA son recibidos con expectación y muy comentados. Lo fueron especialmente los del 2° trimestre de 2014 pues, por primera vez desde el comienzo de la crisis en 2008, se creaba empleo neto en el periodo interanual. El Presidente del Gobierno llegó a decir: «Llevo mucho tiempo esperando poder dar una noticia como esta» (El País 24-07-2014). Analicemos aquellos datos tan celebrados, los del último año (todos expresados en millares):

	2° Trimestre 2013	2° Trimestre 2014	evolución
Activos	23.207,9	22.975,9	- 232
Inactivos	15.472,8	15.552,2	+ 79,4
Ocupados	17.230	17.353	+ 123
Parados	6.047,3 (26,1%)	5.622,9 (24,5%)	- 1,6%
N° horas trabajadas semanales	581.649,6	577.783,7	-3.865,9

Estos datos plantean una aparente doble paradoja.

Primero: ¿Por qué la disminución de personas activas no coincide con el aumento de personas inactivas (fundamentalmente, jubilaciones menos nuevos jóvenes en edad laboral)? La razón son 232 – 79,4 = 152,6 miles de emigrados que han desaparecido de la estadística. Entonces, ¿era cierto el mensaje de que «El paro ha bajado el 1,6%»? Era verdad, pero una verdad a medias. Lo preciso sería completar dicho titular: «pero un 0,7% de la población activa ha emigrado».

Y segundo: ¿Cómo es posible que haya 123.000 empleados más pero se trabajen casi 4 millones de horas menos a la semana? La respuesta está en la abundancia de empleos a tiempo parcial. Pensemos en el caso de que un trabajador con jornada completa de 8 horas diarias se jubile o sea despedido y en su lugar se contraten dos trabajadores a tiempo parcial, a 3 horas diarias cada uno. Habrá un trabajador más, pero se estarán trabajando 2 horas diarias menos. En ese ejemplo, ¿se puede decir que se ha creado empleo? Todo depende de a qué se llame empleo. Si se entiende por empleo al número de trabajadores, sí se ha creado empleo. Pero si se entiende por empleo al número de horas de trabajo, se han perdido 2 horas diarias.

Si traducimos esas 3.865.900 horas perdidas en puestos de trabajo a tiempo completo, en realidad se ha perdido el trabajo equivalente a 3.865.900 : 40 = 20.925 empleos (o a muchos más mini o microempleos). Entonces, ¿es correcto decir que «Por fin se está creando empleo»? Lo correcto sería decir «Se ha perdido trabajo y el que hay se ha repartido entre más personas empleadas».

Para comprender la situación basta con usar las cuatro operaciones básicas... pero con todos los números.

Cada tres años, el Informe PISA evalúa a los escolares de 15 años de los países de la OCDE y de otros países adheridos al informe. Periodistas y políticos sacan conclusiones apresuradas sobre los malos o buenos resultados obtenidos por el propio país o comunidad autónoma, como si de una competición deportiva se tratara, con titulares del tipo: «España retrocede 2 puestos» o «La comunidad está a la cabeza de Europa». Pero los enunciados de ese tipo, tanto si son elogiosos como si son pesimistas, son incorrectos. Revelan un desconocimiento básico de la inferencia estadística... o una lectura interesada. Esto último es más evidente cuando los resultados se interpretan como efecto de una ley educativa que no es aquella en la que se han formado los alumnos evaluados. Pero vayamos a la parte matemática del asunto.

PISA no evalúa a todos los alumnos de 15 años, sino a una muestra de ellos, de modo que la valoración que se emite no es un dato preciso sino lo que se llama una *inferencia estadística*. Como no podemos suponer que la muestra evaluada sea representativa al 100% de toda la población, los estadísticos dan los resultados en forma de intervalos de confianza (es decir, con un margen de error) y admitiendo además una pequeña probabilidad de que la realidad de toda la población quede fuera de esos márgenes.

Por ejemplo, en PISA 2012, en Competencia Matemática, los alumnos españoles de la muestra presentaban una media de 484,3 puntos. Ello no permitía asegurar que esa fuera la media de todo el alumnado español y se infería que esta tendría algún valor comprendido entre 480,6 y 488,04 (intervalo de confianza), con una probabilidad de que así fuera del 95% (nivel de confianza). Con 485 puntos de media en la muestra, Italia aparecía un lugar por delante de España, pero su intervalo de confianza era desde 483,8 hasta 486,7; un intervalo que estaba todo él contenido dentro del intervalo de España. Pudiera ser que la media para toda la población de 15 años española fuera 487 y la italiana fuera 484. Entonces, se cumplirían las predicciones estadísticas, pues ambos valores están dentro de los intervalos de confianza respectivos, y sin embargo España superaría a Italia. En casos como el de este ejemplo, se dice que no hay diferencias estadísticamente significativas entre un país y otro.

Siguiendo con el mismo informe de 2012, el análisis comparado de los intervalos de confianza reflejaba que los resultados españoles no eran significativamente diferentes de los de Reino Unido, Luxemburgo, Noruega, Portugal, Italia, Eslovaquia, EE.UU, Suecia, Hungría y del promedio de la Unión Europea (U.E.). Los citados países de resultados asimilables a los de España ocupaban los puestos desde el 18 al 28 del *ranking*. Dado que España ocupaba el lugar 28 en cuanto al Índice Social, Económico y Cultural (ECS), que se revela diferenciador en los resultados del alumnado, sólo cabía decir que estábamos, no ya donde nos correspondía, sino algo mejor y, desde luego, en la media de la U.E. Sin embargo, el mensaje que llegó a la ciudadanía fue demoledor: «España a la cola de Europa en Matemáticas». Sin embargo, en PISA 2015, un levísimo aumento de la media muestral de 484,3 hasta 486 se convirtió en titulares del tipo: «Por fin salimos de la mediocridad»... y seguimos estando en la media de la U.E. Una vez más, los titulares de impacto están reñidos con los matices de la realidad.

Secretarios de Estado

Los secretarios de Estado son el segundo escalón de mando de cada ministerio y deben comparecer ante las diversas comisiones del Congreso de los Diputados para la explicación anual de los Presupuestos Generales del Estado (PGE). Allí se manejan muchos números que afectan a nuestras vidas.

La Secretaria de Estado de Presupuestos anunció ante la comisión correspondiente (prensa del 03-10-2013) que había un error en la previsión de deuda pública incluida en el proyecto de PGE para 2014, que en realidad era del 98,9% del PIB y no del 99,8%, como aparecía en los presupuestos, lo que su departamento atribuyó a una errata. «Nueve décimas no es mucho pero nos aleja un poco más del 100% del PIB», declaró. Sin embargo, aunque no le pareciera mucho, la diferencia equivalía a unos 10.000 millones de euros. Es significativo que el error se presentase como un error de 9 décimas y no de 10.000 millones. La forma de ofrecer la información orienta su valoración por el gran público.

A su vez, el Secretario de Estado de Educación, FP y Universidades, durante su defensa del proyecto de PGE 2016 en la Comisión de Educación, anunció que en el curso 2015-16 las ratios de alumnos por aula bajaban un 20% y volvían a ser de 25 en Primaria, 30 en ESO y 35 en Bachillerato (eldiario.es 20-08-2015). Hacía un mal uso de los porcentajes. Veamos por qué:

- Hasta 2012 las ratios eran de 25-30-35.
- En 2012 se subieron un 20%, quedando en 30-36-42.
- Si en 2016 se bajasen estas en un 20%, quedarían en 24-28,8-33,6 que redondeadas (no deseamos tener en las aulas fracciones de alumnos) serían 24-29-34 (en cada nivel, un alumno menos por aula de los anunciados).

Su error es muy común, ya lo vimos al hablar de las rebajas (Día sin IVA), y consiste en decir que la subida en un porcentaje se compensa con una bajada en el mismo porcentaje. Repitamos que no es así, pues cada porcentaje está calculado sobre números diferentes. Este es uno de los contenidos mínimos exigidos para aprobar la ESO, pero parece que no para alcanzar altos cargos.

Un alcalde en su sitio

No creemos que cometa errores como el anterior Alcides Goitía, por las razones que vamos a explicar.

Punto Fijo es una ciudad costera al norte de Venezuela, la más poblada del Estado Falcón.

En matemáticas, un *teorema del punto fijo* es un teorema que especifica condiciones bajo las cuales se puede afirmar que una función f sobre un dominio dado (con rango en el mismo dominio) tiene, al menos, un punto fijo; es decir, que existe un punto x en dicho dominio para el cual: $f(x) = x$.

Hasta aquí, tan solo una coincidencia de nombres. Pero resulta que desde 2004 el alcalde de Punto Fijo es Alcides Goitía, profesor y Licenciado en Matemáticas. Sin conocerle, tan solo con ese curriculum, parece ser la persona adecuada para gobernar un municipio con ese nombre.

Impresionantes fórmulas en el BOE

La Constitución Española (artículo 9.3) garantiza la publicidad de las normas. Esta se realiza a través del Boletín Oficial del Estado (BOE). Las promesas electorales, las decisiones de gobierno, los debates y votaciones del Parlamento, todo el proceso político llega a la vida de los ciudadanos cuando cristaliza en leyes y disposiciones en el BOE. Su lenguaje es legal y administrativo (ideal para noches de insomnio, dicho sea de paso), pero en ocasiones también incluye expresiones matemáticas. Algunas recientes quitan el hipo.

En el BOE de 19-08-2013 se publicaban los requisitos para la obtención de becas para cursar estudios postobligatorios. Y se hacía con la siguiente fórmula:

$$C_j = C_{\min} + \left[(C_{total} - S * C_{\min}) * \frac{(N_j / N_{\max}) * \left(1 - \left(\frac{R_j}{R_{\max}}\right)\right)}{\sum_{i=1}^{S} (N_i / N_{\max}) * \left(1 - \left(\frac{R_i}{R_{\max}}\right)\right)} \right]$$

C_j es la cuantía variable a percibir por el becario, para cuyo cálculo hay que utilizar 9 variables, cuyo detalle sigue, aunque quien no pretenda profundizar en el tema de las becas puede saltarlo sin más.

C_{min} = Cuantía variable mínima, que se establecerá en los reales decretos anuales que fijen los umbrales económicos y los demás requisitos necesarios para obtener beca o ayuda al estudio.

C_{total} = Importe total a distribuir de forma variable: en cada convocatoria se podrán fijar una o más masas de recursos a distribuir, en función del tipo de enseñanzas.

S = número de perceptores de cuantía variable.

N_j = Nota media del becario. Para el cálculo de esta nota media se computarán también las calificaciones correspondientes a asignaturas o créditos no superados, si los hubiere. N_i = Nota media de cada uno de los becarios a que se refiere S.

N_{max} = Nota media obtenida por el mejor decil de becarios en el caso de estudiantes no universitarios, o nota media obtenida por el mejor decil de becarios de la misma área de conocimiento del becario en el caso de estudiantes universitarios. Para el cálculo de N_{max} no se computarán las notas de aquellos becarios a los que, de acuerdo con lo dispuesto en esta convocatoria, les corresponda percibir la cuantía variable mínima.

R_j = Renta per cápita del becario (igual a cero si R_j es negativo).

R_i = Renta per cápita de cada uno de los becarios a que se refiere S.

R_{max} = Renta per cápita máxima para ser beneficiario de la cuantía variable.

Por aquellas mismas fechas, una comisión de expertos había sido nombrada por el Gobierno para estudiar la modificación del sistema de revalorización de las pensiones, hasta entonces vinculado al IPC. La prensa adelantó el borrador del decreto, con esta fórmula:

$$g_{pm,t+1} = \frac{(1+g^{*}_{I,t})}{(1+g^{*}_{P,t})(1+g^{*\,s}_{pm,t})} \left[\left(\frac{I}{G} \right)_{0}^{1} \right]^{\alpha} - 1$$

Habían declarado los expertos que, para contar con apoyo social, «es preciso que las fórmulas sean fácilmente comprensibles». Juzgue el lector si estaban cerca de conseguirlo. En la prensa digital, comentaba con sorna un forero: «Es más fácil calcular la dispersión de electrones en un átomo que la pensión de un jubilado».

En el BOE de 26-12-2013 se publicaba la expresión matemática definitiva del índice de revalorización de las pensiones, con algunos cambios sobre la anterior (sin exponente y con la fracción más corta ¿tal vez impresiona menos?):

$$IR_{t+1} = \bar{g}_{I,t+1} - \bar{g}_{p,t+1} - \bar{g}_{s,t+1} + \alpha \left[\frac{I^{*}_{t+1} - G^{*}_{t+1}}{G^{*}_{t+1}} \right]$$

IR es el índice de revalorización de pensiones expresado en tanto por uno con cuatro decimales; y t+1 es el año para el que se calcula la revalorización. Para calcular el índice, son 6 las variables en juego. Su lectura nuevamente es prescindible para los fines de este libro.

$\bar{g}_{I,t+1}$ = Media móvil aritmética centrada en t+1, de once valores de la tasa de variación en tanto por uno de los ingresos del sistema de la Seguridad Social.

$\bar{g}_{p,t+1}$ = Media móvil aritmética centrada en t+1, de once valores de la tasa de variación en tanto por uno del número de pensiones contributivas del sistema de la Seguridad Social.

$\bar{g}_{s,t+1}$ = Media móvil aritmética centrada en t+1, de once valores del efecto sustitución expresado en tanto por uno. El efecto sustitución se define como la variación interanual de la pensión media del sistema en un año en ausencia de revalorización en dicho año.

I^*_{t+1}= Media móvil geométrica centrada en t+1 de once valores del importe de los ingresos del sistema de la Seguridad Social.

G^*_{t+1}= Media móvil geométrica centrada en t+1 de once valores del importe de los gastos del sistema de la Seguridad Social.

α = Parámetro que tomará un valor situado entre 0,25 y 0,33. El valor del parámetro se revisará cada cinco años.

Surgen algunas dudas: ¿Qué se gana con esa complicación matemática? ¿Es necesaria? La respuesta oficial es que así se garantiza la objetividad y la transparencia. Pero, a pesar de tanto detalle, con la primera fórmula ningún aspirante a becario puede conocer a partir de los datos propios cuál será su beca pues esta va a depender de la cuantía a repartir y del número de solicitantes, ambos desconocidos por él. Y con la segunda fórmula la revalorización de las pensiones queda desvinculada de la evolución del IPC, con lo cual ya no se garantiza el mantenimiento del poder adquisitivo de los jubilados. Son detalles importantes que quedan enmascarados por el aparato matemático. El discurso político tecnócrata tiende a confundir objetividad con neutralidad. Al amparo de las fórmulas no debiéramos disfrazar con un manto matemático lo que es una decisión política y por tanto subjetiva. Son fórmulas precisas, pero no las únicas posibles, no estamos hablando de leyes naturales.

Los dos casos citados se trataban de medidas adoptadas dentro de las políticas de austeridad limitadoras del llamado gasto social. Nótese que tampoco el léxico es inocuo, hablando de gasto y no de inversión.

El matemático José Ángel Murcia declaraba (Cadena Ser 20-08-2013):

> La realidad es compleja y las matemáticas, que deben explicar la realidad, también son complejas y muchas veces difíciles. Ahora, lo que no hay que hacer es escudarse en esas matemáticas para hacer más difícil de comprender la realidad.

Con su contundente laconismo, publicaba El Roto una viñeta en *El País* (17-06-2013) donde dos trabajadores mantenían el siguiente diálogo:

> —¿Cómo conseguirán que las injusticias parezcan matemáticas?
>
> —Con algún comité de sabios.

Capítulo 22

RESOLVIENDO PROBLEMAS EN LA CIUDAD

Un mundo de ciudades

El mundo habitado es mayoritariamente urbano. En 2008, el informe *Perspectivas sobre la Urbanización Mundial* de Naciones Unidas anunciaba que por vez primera en la historia la población urbana se igualaba a la población rural y que en los años siguientes la población mundial acabaría siendo urbana en su mayoría.

Siete años después, la Revisión 2015 del citado informe [35] confirmaba aquellas previsiones. La población en entornos urbanos había pasado a ser ya del 54%.

Aquí están las claves para comprender muchos de los acontecimientos sociales y políticos pasados y de los que vamos a vivir en las próximas décadas. Si comparamos cómo ha evolucionado la urbanización en las zonas menos y más desarrolladas, se advierte una correlación positiva entre ciudad y desarrollo que explica el éxodo creciente del campo a la ciudad. Por ello, anuncia el informe, «hasta 2050, más del 90% del incremento de la población urbana se producirá en África y Asia», continentes con más regiones poco desarrolladas.

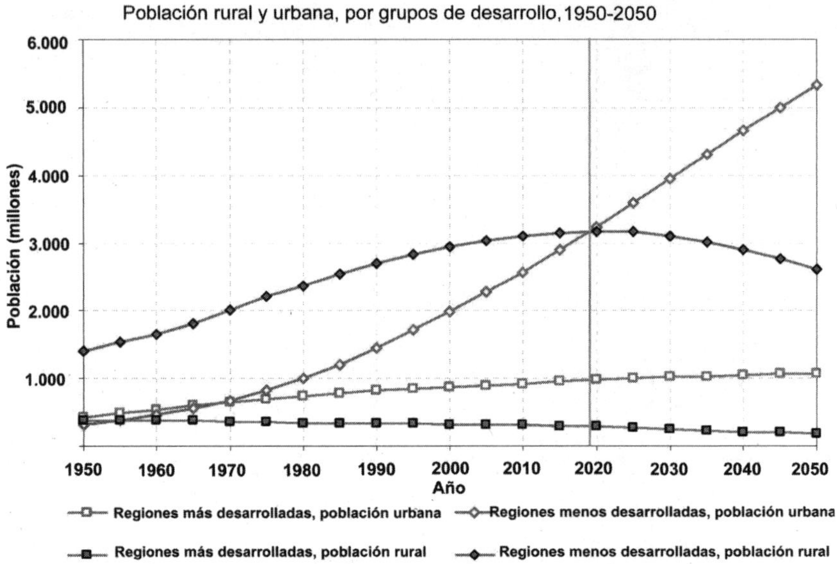

De forma concisa y expresiva a la vez, el lenguaje de gráficas nos ayuda a comprender el mundo conocido y el que está por venir.

Nuevos problemas sobre ruedas

La vida en ciudades cada vez más pobladas trae consigo el surgimiento de nuevos problemas y la necesidad de soluciones viables. En ese terreno, las matemáticas tienen bastante que aportar. El siguiente es un ejemplo de problema de salud pública al que algunos ayuntamientos dieron una solución parcial e imaginativa; que a su vez planteó un nuevo problema logístico, para el cual la solución es matemática.

La contaminación ligada al tráfico de vehículos que siguen quemando combustibles fósiles, junto al sedentarismo de buena parte de la población urbana, aconsejaron hace una década la instalación de sistemas municipales de bicicletas, distribuidas en paradas por la ciudad. El gran éxito de la iniciativa supuso su expansión, tanto a nuevas ciudades, como dentro de las ciudades pioneras.

Pero los flujos de usuarios no se distribuyen uniformemente entre las diversas paradas; ni tampoco, para una misma parada, a distintas horas o en el tipo de demanda (tomar o aparcar una bici). Esos flujos tiene que ver con el tipo de zonas (residenciales, comerciales, de servicios, etc.) y con los horarios (laborales, académicos y comerciales). Furgonetas del servicio recogen bicis en unas paradas y las reponen en otras a lo largo del día; pero, ¿cómo secuenciar y distribuir esa tarea para evitar que haya usuarios que no encuentren bici o anclajes libres cuando los requieren? Surge un problema de logística.

La Vanguardia (14-03-2009) informaba:

> Aleix Ruiz de Villa, un barcelonés de 27 años, ha ideado el primer algoritmo capaz de comprender el funcionamiento de la flota de vehículos y de fijar las rutas ideales que deben seguir las furgonetas para redistribuir las bicis con rapidez. (...) Este joven matemático, vecino de Gracia, no es usuario del *bicing*, pero un día, al ver una furgoneta que repartía los ciclos rojos y blancos, se planteó el problema que desencadenó su trabajo. Aleix se hizo varias preguntas: ¿Cómo se sabe el

número de bicis que hay que dejar y retirar en cada estación?, ¿cómo se tiene en cuenta que no es lo mismo si las paradas están en la playa o en una zona alta, o si son las ocho de la mañana o las cinco de la tarde, verano o invierno?, ¿y adónde deben acudir primero las camionetas y qué rutas deben seguir para perder el menor tiempo posible?

En palabras del autor [36]:

> Uno de los temas clave en la gestión de estos sistemas es cómo redistribuir las bicicletas. Observemos que el comportamiento de las estaciones depende fuertemente de la hora del día. Imaginemos una estación que está cerca de una universidad: por la mañana tenderá a llenarse, mientras que por la noche tenderá a vaciarse. Las estaciones pueden depender de otros factores como la inclinación de la ciudad (la gente coge las bicicletas en zonas altas y las deja en zonas bajas), la proximidad de sitios destacados, los días de lluvia... lo que conlleva que estas puedan tener comportamientos muy dispares entre sí. Por eso, es necesaria una herramienta que pueda trabajar a tiempo real, que permita tomar decisiones a 2, 3 o 4 horas vista.

Diseñó un modelo de simulación gracias al cual, a partir de los datos de las estaciones, se obtiene información estadística de qué estaciones se saturan antes (quedan llenas o vacías), cuánta gente queda insatisfecha por no poder tomar o dejar bicicletas y el número óptimo de bicicletas para maximizar el servicio de cada estación.

Las consecuencias que se obtienen son conocer qué estaciones son de ampliación prioritaria y cuáles son las rutas que deben seguir las furgonetas de reaprovisionamiento. Esto último recuerda al llamado «problema del viajante» (*travelling saleman problem*), que consiste en trazar la ruta de un repartidor que debe pasar por unas paradas determinadas, cubriendo el camino más corto posible. Pero en este caso no se trata de minimizar la distancia sino el número de personas insatisfechas.

Pese al gran número de variables implicadas, Aleix (doctor en Matemáticas por la Universidad Autónoma de Barcelona) se enfrentó al problema, dando un buen ejemplo de cómo las matemáticas pueden ser aplicadas para mejorar nuestra vida cotidiana.

Geometría para la basura

Las ciudades son grandes productoras de basura. Se estima que en España se generan unos 547 kg de residuos al año por ciudadano. Razones fundamentalmente ambientales, pero también económicas y de salubridad, movieron desde comienzos del nuevo siglo las campañas oficiales en favor de la recogida selectiva y reciclado de basuras. Se creó y extendió rápidamente una conciencia ciudadana a este respecto. Su crecimiento ha sido espectacular: si en 2001 en España solo se reciclaba un 21% de los residuos urbanos, en 2013 ya se reciclaba un 33%, según datos de la Agencia Europea del Medio Ambiente (EEA). Pero todavía estamos lejos del 63% de Austria y del 62% de Alemania. La directiva marco de la EEA fija el 50% como objetivo para 2020, algo que de momento solo cumplen cinco países.

Este desarrollo de una cultura del reciclaje supuso la aparición en las calles de muchos contenedores diferenciados (verde para vidrio, amarillo para envases de plástico, azul para papel y otros más según ciudades —restos orgánicos, pilas, aceites, etc.—). Conforme los ciudadanos eran más conscientes y reciclaban más, había que distribuir más y más contenedores. Pero estos ocupaban más metros lineales en las calles y restaban plazas de aparcamiento. En algunas zonas los vecinos protestaron por ello. Se hizo necesario optimizar la forma de los contenedores de modo que, ocupando aproximadamente la misma superficie contuvieran el máximo volumen (o capacidad, que lo mismo es), sin exceder una altura razonable que permita el acceso a los usuarios y su manejo a los operarios de la limpieza. Además, un mayor volumen ayuda a evitar la acumulación de basuras fuera del contenedor cuando la recogida se retrasa.

¿Es posible con una superficie de base similar conseguir un importante incremento de volumen? Se trataba de un problema de geometría. En la ciudad de Zaragoza se sucedieron en tan solo cinco años tres modelos de contenedores. La comparación de sus capacidades responde de forma elocuente a la anterior pregunta.

Año 2004: 1.200 l. (Los 3 de la izquierda).

Año 2006: 2.900 l.

Año 2009: 3.600 l.

¡Otra vez en rojo!

Esa exclamación, a veces acompañada de juramentos e improperios, es la de muchos conductores cuando en una misma avenida deben hacer varias paradas al encontrar los sucesivos semáforos en rojo. Su duración y coordinación es un problema que se resuelve desde la algorítmica, con combinatoria y números, una tarea matemática. Y no es sencilla, pues en un mismo semáforo, los tiempos de las secuencias verde-rojo varían según el día y la hora (por ejemplo, para dar prioridad a los vehículos que van o vuelven de polígonos industriales, en días y horarios laborales), o según las circunstancias (por ejemplo, para dar vía libre a un coche de bomberos). En algunos lugares estratégicos se han instalado sensores y cámaras que detectan el flujo de tráfico y el sistema reacciona a la situación (dándole más fluidez o ralentizándolo).

Los sistemas modernos no encienden y apagan los semáforos de una calle a la vez; van poniendo las luces en verde de forma escalonada, creando una «onda verde» para que el mayor número posible de vehículos vayan encontrando paso libre en todos ellos y no deban parar. Veamos la importancia de la programación adoptada para conseguir una mayor o menor duración de la deseada «onda verde», con un ejemplo muy sencillo:

A lo largo de una calle de sentido único[39] hay tres semáforos, en los puntos A, B y C. Un vehículo que va a la velocidad permitida pasa de A a B en 15 segundos y de B a C en 25 seg. Los técnicos de vialidad han fijado estas secuencias:

- A: 70 seg. verde y 30 seg. rojo
- B: 65 seg. verde y 35 seg. rojo
- C: 75 seg. verde y 25 seg. rojo

39 Si es de doble sentido, la programación se complica.

Si cada letra representa una duración de 5 segundos, siendo V verde y R rojo, en caso de que se encendieran en verde los tres semáforos a la vez, este sería un ciclo verde-rojo completo:

A: VVVVVVVVVVVVVVRRRRRR
↓ 15 seg.
B: VVVVVVVVVVVVVRRRRRRR
↓ 25 seg.
C: VVVVVVVVVVVVVVVRRRRR

Ahora, sobre la anterior notación, indicamos en letra negrita subrayada los periodos que corresponderían a la «onda verde»:

A: **VVVVVVV**VVVVVVVRRRRRR
↓ 15 seg.
B: VVV**VVVVVVV**VVVRRRRRRR
↓ 25 seg.
C: VVVVVVVV**VVVVVVV**RRRRR

Esa «onda verde» duraría 35 segundos.

Pero supongamos que esos semáforos fueran programados al azar. Recordemos que este es caprichoso, así que podía deparar esta mala programación:

A: VVVVVVVVVVVVV**V**RRRRRRVVVVVVVVV
↓ 15 seg.
B: VVVRRRRRRRVVVVVV**V**VVVVVVRRRRRRR
↓ 25 seg.
C: RVVVVVVVVVVVVVVVRRRRR**V**VVVVVVV

Así, la «onda verde» solo duraría 5 segundos. Habría bastantes atascos y enfados.

Afortunadamente en vialidad trabaja gente competente que no deja nada al azar y han diseñado la programación más eficiente, como sigue:

A: VVVVVVVVVVVVVVRRRRRR
↓ 15 seg.
B: RRRVVVVVVVVVVVVVVRRRRRRR
↓ 25 seg.
C: VVVRRRRRVVVVVVVVVVVVVVVV

De esta forma, la «onda verde» duraría 65 segundos. El tráfico sería mucho más fluido.

De 5 a 65 segundos... una gran diferencia, la que va de no pensar un problema a pensarlo.

El metro de Sevilla

El metro de la ciudad de Sevilla cuenta por ahora con la Línea 1 (Ciudad Expo-Olivar de Quintos) de 18 km y con 22 estaciones, pero están proyectadas las líneas 2, 3 y 4. El diseño del trazado de la Línea 2 (Torreblanca-Puerta Triana) presentaba un problema, la seguridad de los 72 edificios histórico-artísticos del centro de la ciudad en cuyas cercanías se deberían perforar los túneles. El problema fue resuelto por un equipo de matemáticos de las Escuelas de Arquitectura e Ingenieros de la Universidad de Sevilla [37]. Francisco A. Ortega, coautor del proyecto explicaba en SINC:

> La viabilidad de esta obra arroja dudas sobre la seguridad de los edificios cercanos (...) por experiencias anteriores, como el hecho de que la construcción de la primera línea del metro de Sevilla se interrumpiera en los años 70 por el temor a que pudiera afectar a la catedral, o la más reciente del barrio barcelonés del Carmel (la estructura de algunos edificios sufrió daños por las obras de ampliación del metro) (...) La metodología aplicada busca minimizar la longitud de los tramos de metro —con el consiguiente ahorro económico—y maximizar la distancia a los edificios históricos para no dañarlos.

Para ello utilizaron con buen criterio un sencillo concepto geométrico, la mediatriz, del que surgen los llamados diagramas de Voronoi. Lo explicaremos al modo que se resuelven muchos problemas, partiendo del caso más sencillo y «complicándolo» después.

Supongamos que se debe perforar un túnel en las inmediaciones de dos edificios a proteger, a los que llamaremos A y B. La *mediatriz* del segmento AB se puede definir como la recta perpendicular en su punto medio. Pero también puede definirse mediante una propiedad que cumplen todos sus puntos y solo ellos[40]: La mediatriz del segmento AB es el conjunto de los puntos que equidistan de A y de B. En el gráfico, para unos puntos cualesquiera P y Q: $a = b$, $c = d$.

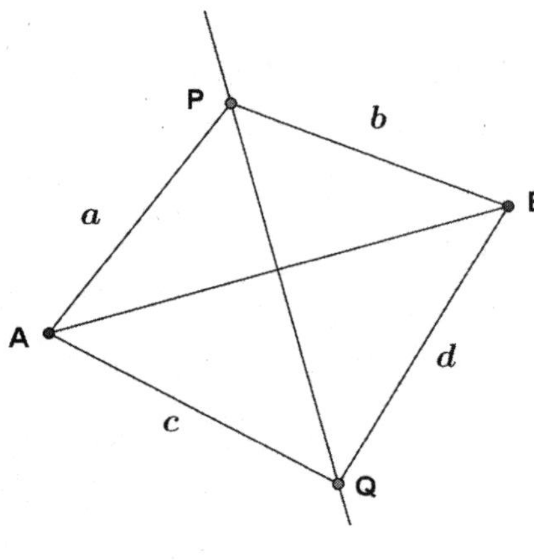

La mediatriz de AB divide el plano en dos regiones, a las que llamaremos zonas de influencia de A y de B. Si el túnel se perforase en la zona de influencia de uno de esos dos puntos, el edificio situado en él tendría una mayor exposición a las vibraciones que el otro edificio. La forma de que los riesgos se distribuyan por igual sería trazar el túnel por la mediatriz.

40 En tales casos se dice que esa figura es un *lugar geométrico* y la propiedad de sus puntos es su *propiedad característica*.

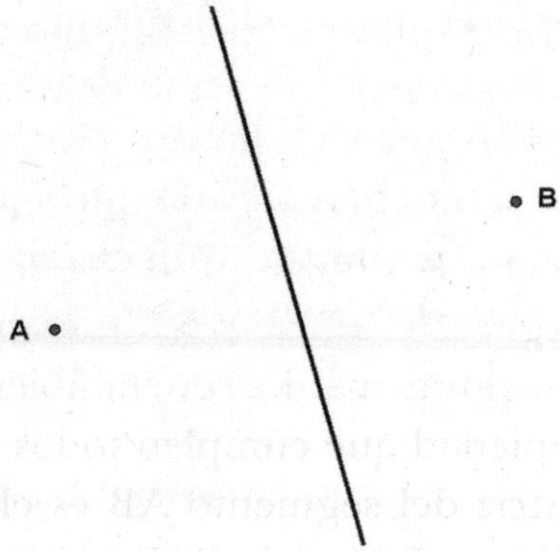

Supongamos ahora un tercer edificio a preservar, al que llamaremos C. Tracemos las mediatrices de los segmentos AB, BC y AC. El plano queda dividido en 6 regiones. Repitiendo el razonamiento anterior y borrando las semirrectas innecesarias, podemos establecer las tres zonas de influencia de A, de B y de C.

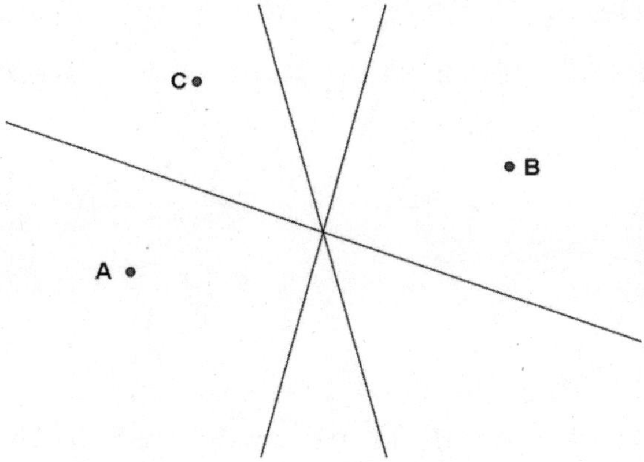

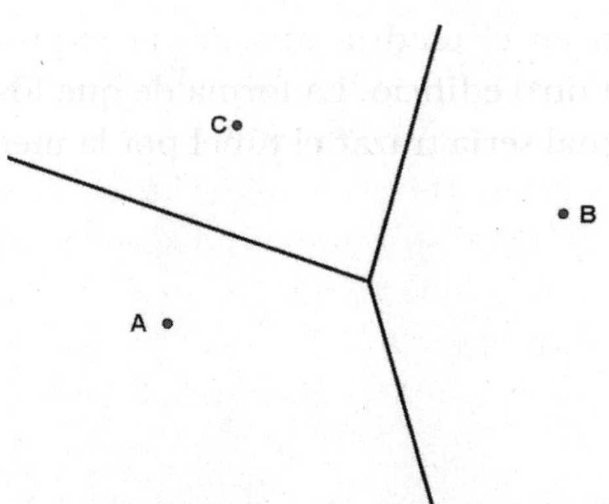

El diagrama que resulta es el diagrama de Voronoi para A, B y C. Está formado por tres semirrectas y en él todas las posiciones son equidistantes de los dos puntos más próximos, quedando el tercer punto más alejado que aquellos.

Los matemáticos sevillanos trazaron el diagrama de Voronoi para los 72 elementos del patrimonio a proteger, resultando una partición del plano del centro de la ciudad «como en escamas». Si los túneles se diseñaban sobre esas líneas, había la seguridad de que iban a discurrir siempre a igual distancia de los dos edificios o monumentos más cercanos.

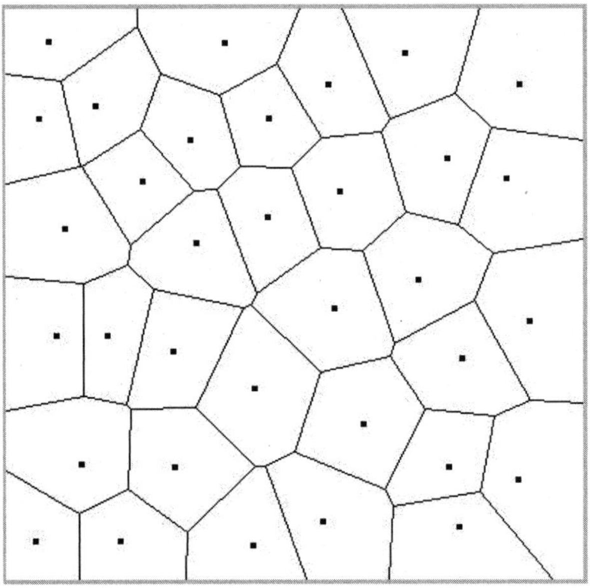

Los técnicos establecieron una distancia mínima de seguridad de 80 m. Se eliminaron los segmentos del diagrama que no cumplieran ese requisito. De esa forma, el diagrama se simplificó. Ya solo quedaba elegir sobre esa red el trayecto más corto y suavizar los vértices, convirtiéndolos en curvas por donde puedan circular los trenes.

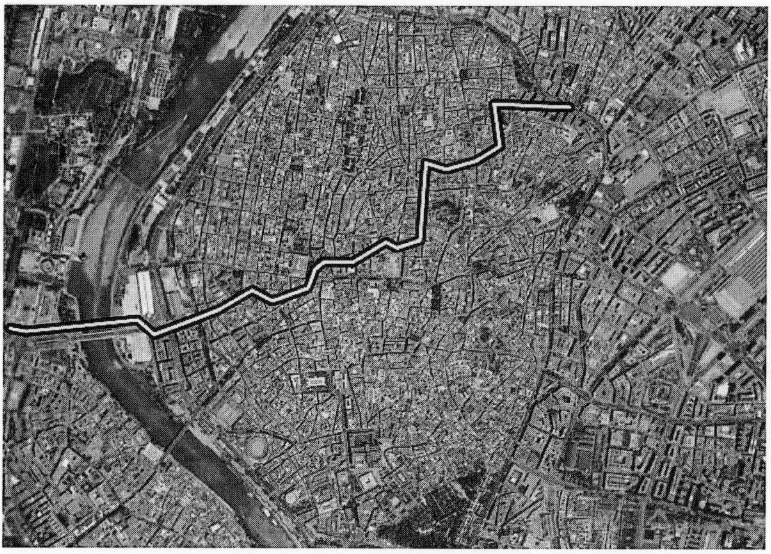

Trazado de la Línea 2. Imagen: Ortega *et al.*

Cuando por fin se construya la Línea 2, un valiosísimo patrimonio histórico-artístico será protegido por la certera aplicación de un concepto geométrico que estudian los escolares de primer curso de Secundaria. Una vez más, se comprueba el gran alcance de los conceptos básicos.

Capítulo 23

CEMENTERIO MATEMÁTICO

Debemos saber. Sabremos.
Epitafio de David Hilbert (1862-1943)

Algunos matemáticos han alcanzado la inmortalidad que dan las grandes obras, pasando de forma imperecedera a la historia de las matemáticas. Pero, en lo físico, eran mortales como cada hijo de vecino. En ciertos casos, sea por última voluntad propia o sea como homenaje póstumo ajeno, la condición de matemático del difunto dejó su sello en la tumba o mausoleo mediante inscripciones o figuras alusivas a su obra [38]. Cuando decimos que las matemáticas están en todas las partes, no se libran ni los cementerios.

El orgullo geométrico de Arquímedes y de Gauss

Arquímedes de Siracusa (287-212 a. C.) y Carl Friedrich Gauss (1877-1955) son dos de los más grandes matemáticos de la historia. Siendo algo subjetivo establecer clasificaciones entre genios de esa talla, siempre que se hacen, ambos figuran entre los primeros puestos. Además comparten una circunstancia póstuma. Tras una vida prolífica en descubrimientos, un resultado geométrico era el más íntimamente querido por cada uno de ellos y dispusieron que debía figurar en sus monumentos funerarios.

Arquímedes murió a manos del ejército romano en la toma de Siracusa, su ciudad. Escribió Plutarco:

> Sus descubrimientos fueron numerosos y admirables, pero se cuenta que pidió a sus amigos y parientes que cuando muriera colocaran sobre su tumba una esfera dentro de un cilindro, inscribiéndola en la proporción del sólido continente respecto del contenido; esto es, la razón 3:2.

Con esta descripción, 137 años más tarde, en su viaje a Sicilia el romano Cicerón dijo haberla encontrado en Siracusa, cerca de la puerta de Agrigento. Hoy ha desaparecido.

Arquímedes había probado que tanto el volumen como el área de la esfera son iguales a dos tercios de los del cilindro que la inscribe (3:2 si la razón se considera a la inversa, tal y como decía Plutarco), incluyendo sus bases. Él mismo siempre lo consideró como el más grande de sus descubrimientos matemáticos.

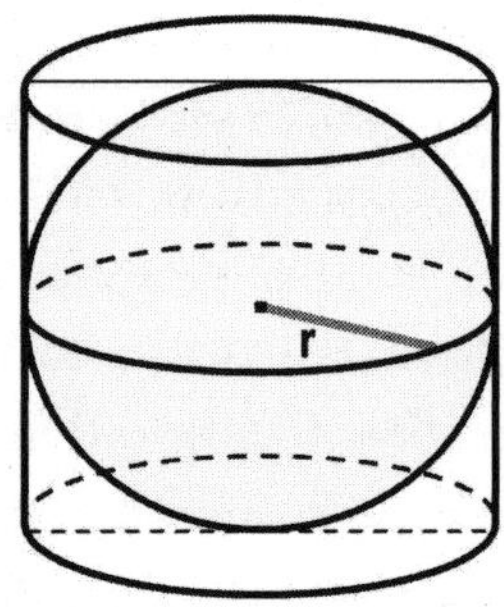

Había mostrado Gauss su gran talento ya desde niño, lo cual le valió obtener una beca del Duque de Brunswick. Esto le permitió seguir estudios a pesar de su humilde origen familiar. Con 19 años, siendo estudiante en la Universidad de Göttingen, dudaba si dedicarse a la matemática o a la filología, cuando un descubrimiento excepcional le hizo decidirse por la primera, para suerte de esta.

El joven Gauss demostró que es posible la construcción del *heptadecágono regular*[41] con regla y compás. Era un problema pendiente de solución desde hacía 2.000 años, cuando los antiguos griegos abordaron la construcción de polígonos regulares exclusivamente mediante el trazado de puntos, segmentos de recta y ángulos usando tan solo una regla y un compás idealizados (la regla carece de marcas de medida y el compás no se puede utilizar para trasladar distancias).

El resultado demostrado por Gauss era este:

> Si el número de lados de un polígono regular es del tipo 2^n, o es un número primo del tipo $2^{2^n} + 1$(llamados *primos de Fermat*), o es producto de números de los tipos anteriores, entonces el polígono regular es construible con regla y compás.

Gauss había demostrado que la citada condición sobre el número de lados es necesaria para que un polígono regular sea construible con regla y compás. Habrían de pasar 41 años hasta que Pierre Wantzel (1814-1848) demostró que también es una condición suficiente. Desde entonces ya se sabe que la condición hallada por Gauss es equivalente a que un polígono regular sea construible de la forma descrita. Él mismo relataba así su descubrimiento:

> Antes de levantarme de la cama tuve la suerte de ver con la mayor claridad toda esa correlación, de forma que en el mismo sitio e inmediatamente apliqué al heptadecágono la correspondiente confirmación numérica.

En efecto, 17 es un número que se ajusta a la condición, ya que $17 = 2^4 + 1$.

41 Polígono de 17 lados iguales donde, a su vez, todos los ángulos interiores son iguales.

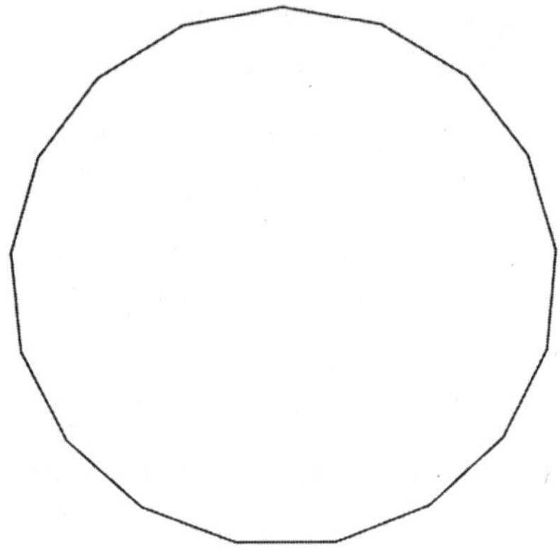

Heptadecágono regular.

Con este resultado comenzó Gauss su célebre *Cuaderno*. Este abarca 146 notas en 19 páginas donde recoge de forma sucinta el torbellino de ideas geniales que alumbró su mente entre los 19 y los 26 años. Bajo el nombre «Ecuaciones de las secciones de un círculo», dedicó a este asunto también el último capítulo de su magna obra *Disquisitiones Arithmeticae* (1801). A lo largo de toda su vida se refirió a ello como algo muy querido, tanto que dejó dispuesto antes de morir que en su lápida funeraria se grabase un heptadecágono regular. Cuando, tras la muerte de Gauss, el cantero se disponía a cumplir dicho mandato, advirtió que un heptadecágono regular, aparte de ser de compleja elaboración, se parece bastante a un círculo; tanto que la gente lo confundiría. Así que decidió por su cuenta, en su lugar, tallar una estrella de 17 puntas. Hoy tampoco esa estrella está en la tumba de Gauss, en el cementerio Albanifriedhof de Göttingen. De esta forma, no se cumplió la última voluntad del que fuera llamado Príncipe de los Matemáticos (*Princeps Mathematicorum*).

Tampoco se cumplió el deseo de Isaac Newton (1642-1727), según el cual en su lápida debía grabarse su querida fórmula del binomio. Y, por si fuera poco, dicha lápida tiene una errata en la fecha de su muerte, escrita en números romanos, donde pone: MDCCXXVI (es decir, 1726, un año antes). No cabe suponer que fue por falta de aprecio y reconocimiento, dado que su mausoleo tiene categoría real en la Abadía de Westmister de Londres, panteón de las glorias británicas.

Epitafio decimal

La apreciación del cantero sobre la apariencia casi circular del heptadecágono regular era adecuada. Si el número de lados de un polígono regular siguiera aumentando ilimitadamente, llegaría a coincidir con el círculo. Es precisamente a Arquímedes que se debe ese tipo de razonamiento geométrico mediante aproximaciones sucesivas, llamado *método exhaustivo,* que fue precursor del concepto de límite. Desde ese punto de vista, el número π (cociente entre el perímetro de la circunferencia y su diámetro) se podía aproximar mediante análogos cálculos realizados sobre polígonos regulares de un número cada vez mayor de lados.

El matemático belga Ludolph van Ceulen (1540-1610) es conocido principalmente por haber calculado el valor del número π con una aproximación de 35 cifras decimales utilizando el citado método exhaustivo. A esa tarea dedicó gran parte de su vida y es por ello que en su lápida, en la Iglesia de San Pablo en Leiden (Holanda), están grabadas las 35 cifras que obtuvo:

3,14159265358979323846264338327950288

Esta aproximación a π fue conocida como número ludolphino.

El enigmático epitafio de Diofanto

Se desconocen las fechas en que vivió Diofanto de Alejandría (se especula entre los siglos III y V), pero sabemos cuántos años vivió, gracias al epitafio atribuido a su tumba (desaparecida):

> Esta tumba contiene a Diofanto. ¡Oh gran maravilla! Y la tumba dice con arte, la duración de su vida. Su niñez ocupó la sexta parte. Añadiendo un doceavo, las mejillas tuvieron la primera barba. Pasó aún una séptima parte de su vida antes de tomar esposa y en el quinto año después de la boda

tuvo un hijo. Pero, ¡ay! niño tardío y desgraciado, una vez alcanzada la mitad de los años que vivió su padre, pereció de una muerte desgraciada. Después de consolar su pena durante cuatro años con la ciencia del cálculo, Diofanto llegó al término de su vida.

¿Cuántos años vivió Diofanto?

Si llamamos x a los años que vivió Diofanto, el enunciado se traduce en la ecuación:

$$\frac{x}{6} + \frac{x}{12} + \frac{x}{7} + 5 + \frac{x}{2} + 4 = x$$

Tras resolverla sabemos que Diofanto vivió 84 años.

Diofanto es famoso, sobre todo por haberse dado su nombre a las *ecuaciones diofánticas*: ecuaciones algebraicas con dos o más incógnitas, cuyos coeficientes son enteros y que deben tener soluciones enteras. Y también lo es, a un nivel más popular, por el citado epitafio en forma de acertijo algebraico, que es muy citado en los textos escolares.

Espiral funeraria

El matemático Jakob Bernouilli (1654-1705) estaba fascinado por la *espiral logarítmica*, figura a la que había dedicado un libro y a la que denominaba *Spira mirabilis*, «la espiral maravillosa». Esta figura tiene la sorprendente propiedad de ser igual a si misma a cualquier escala que se dibuje.

Bernouilli quiso que en su tumba se grabase la espiral logarítmica, con una leyenda en latín portadora de un significado filosófico-religioso: «Eadem mutata resurgo», que significa «Aunque cambio, vuelvo a resurgir». Esa frase describe a la espiral y, a la vez, también hace alusión a su fe en la resurrección.

Pero el grabador de la lápida no siguió exactamente los

deseos de Bernouilli y grabó una *espiral arquimediana*, según aún hoy puede verse en su tumba, en una pared del claustro de la catedral de Basilea (Suiza).

Espirales arquimediana (izda.) y logarítmica(dcha.) en la Iglesia de Santa Isabel de Portugal. Zaragoza.

La diferencia entre ambos tipos de espiral es la siguiente:

- En la espiral arquimediana, el radio va creciendo según los términos de una progresión aritmética, con una diferencia constante. Por ejemplo, aumentando el radio 2 cm en cada cuadrante.
- En la espiral logarítmica, el radio va creciendo según los términos de una progresión geométrica, con un factor constante. Por ejemplo, duplicándose el radio en cada cuadrante.

Postrer teorema de Fermat

En el suelo de la Plaza Jean Jaurés, en Castres (Francia), hay una lápida que corresponde a la supuesta tumba[42] de Pierre de Fermat (1601-1665), el juez matemático. Su inscripción dice:

42 Hay controversia sobre dónde yacen los restos de Fermat.

En este lugar, el 13 de enero del año 1665, fue enterrado Pierre de Fermat, consejero de cámara y matemático de gran renombre, célebre por su teorema $a^n + b^n \neq c^n$ para $n > 2$.

Dicho enunciado es el del célebre *Último teorema de Fermat.* Que figure al final de su epitafio, da un sentido literal a que se le llame «último». Aunque, dado que Fermat no dejó su demostración, en propiedad debía haberse llamado Conjetura de Fermat. Y dado también que en 1995 fue demostrado por Andrew Wiles, hoy debiera llamarse Teorema de Wiles. Pero a veces ni los matemáticos dan a ciertas cosas su nombre preciso.

Incomprendido después de la muerte

El matemático Allan Robinson (1946-2012) no alcanzó la categoría de los anteriores, pero su pasión por las matemáticas era igualmente notoria para sus personas próximas. Por eso, al fallecer, estas quisieron homenajearle en clave matemática. En el cementerio de Farndon (Reino Unido) yacen sus restos En la lápida de mármol negro se puede leer una sentida inscripción familiar: «A la memoria de Allan Robinson, amante esposo, padre y abuelo». Sobre ella también están grabados un sudoku y una expresión matemática de su tesis doctoral:

5	3			7				
6			1	9	5			
	9	8					6	
8			6					3
4		8		3				1
7			2					6
	6					2	8	
			4	1	9			5
				8			7	9

$$x_n + y_i h \qquad i = 1(1)q$$

En octubre de 2013, la prensa daba noticia de que el Concejo Parroquial de Farndon consideraba inapropiadas esas inscripciones para su cementerio y comunicaba a la familia del difunto que debían eliminarlas con el fin de «asegurar que los valores morales y normas del cementerio de la iglesia de St. Chad se cumplían correctamente, por el beneficio de todos».

Ángela Robinson, viuda del matemático estaba indignada, argumentando:

> Es completamente innecesario. Estamos hablando de cinco centímetros cuadrados. Es un homenaje personal a Allan. Le encantaban los sudoku y cualquier cosa que tuviera que ver con los números, las ecuaciones y las matemáticas —era un poco un misterio para mí— pero era como era. Pensé que este era el tributo perfecto para él.

La publicación del caso en prensa lo hizo viral y finalmente el Concejo revocó su anterior decisión. Allan Robinson descansa por siempre bajo unos símbolos que le eran muy queridos; aunque se debe precisar que el sudoku pertenece más bien al campo de los pasatiempos con base matemática que no al de la investigación.

Los casos de Gauss, Bernouilli y Robinson coinciden en las dificultades encontradas para que se cumplieran sus deseos póstumos. Son una metáfora de la incomprensión, cuando no desafecto, que tantas personas tienen hacia lo matemático. Humildemente este libro ha querido contribuir a revertir esa situación abriendo los ojos con otra mirada sobre lo próximo y cotidiano. Es la mirada matemática, que aporta luz y estructura a nuestro conocimiento de la realidad. Que esa mirada os acompañe, evitando tropiezos, descubriendo sorpresas y manteniendo la curiosidad siempre viva.

ÍNDICE ONOMÁSTICO

REFERENCIAS

[1] MUÑOZ, José: *Las matemáticas en el lenguaje cotidiano.* Revista Números 75, pp. 89 a 95. Noviembre 2010. Sociedad Canaria «Isaac Newton» de Profesores de Matemáticas. En línea: goo.gl/7frGDG

[2] BARTA, Zoltan; y SZÉKELY, Tomas: *The optimal shape of avian eggs.* Revista Functional Ecology nº 11, pp. 656-662. 1997. En línea: goo.gl/r5SMjV

[3] CASWELL, Mary et al : *Avian egg shape: Form, function, and evolution.* Revista Science vol. 356, pp. 1249-1254. 23-06-2017. En línea: goo.gl/8e88uj

[4] *Comment l'araignée construit-elle sa toile ?* Web Espace des Sciences. Rennes – Bretagne (Francia). En línea: goo.gl/k0dk9e

[5] SIMS, Dave y otros: *Environmental context explains Lévy and Brownian movement patterns of marine predators,* Nature 465, pp. 1066-1069. 24-06-2010. En línea: goo.gl/VS8voy

[6] BARRON, James: *El fascinante ciclo vital de las cigarras periódicas.* El País 19-06-1996. En línea: https://goo.gl/daA2zt

[7] DAWKINS, Richard: *The Blind Watchmaker* (*El relojero ciego*). Longman cientific & Technical. London.1986 (RBA. Barcelona. 2004).

[8] DARWIN, Charles: *The origin of species* (*El origen de las especies*). John Murray. London. 1859 . En línea: goo.gl/m1phqo

[9] MOLLER, Pape: *La Naturaleza prefiere la simetría.* Mundo Científico 187, pp. 48 a 53. Barcelona. 1998.

[10] REYNOLDS, C: *Flocks, herds and schools: A distributed behavioral model. SIGGRAPH '87: Proceedings of the 14th annual conference on Computer graphics and interactive techniques. Association for Computing Machinery: 25–34. 1987. En línea:* http://www.cs.toronto.edu/~dt/siggraph97-course/cwr87

[11] REYNOLDS, C: *Boids. Background and Update.* En línea: http://www.red3d.com/cwr/boids/

[12] YOUNG GF, SCARDOVI L, CAVAGNA A, GIARDINA I, LEONARD NE: *Starling Flock Networks Manage Uncertainty in Consensus at Low Cost.* PLoS Computational Biology. 31-01-2013. En línea: goo.gl/nQxUNo

[13] SORANDO, José María: «*Las Matemáticas en los anuncios*». Revista Números 78, pp. 33-46. Noviembre 2011. Sociedad Canaria «Isaac Newton» de Profesores de Matemáticas. En línea: goo.gl/VOU2SY

[14] Web Malaprensa. En línea: www.malaprensa.com

[15] STEWART, S: *On the trajectories of projectiles depicted in early ballistic woodcuts.* European Journal of Physics, Volume 33, Number 1. 29-11-2011. En línea: goo.gl/4Ne9dl

[16] MACHO, Marta: *Oulipo, juegos matemáticos en la literatura.* Conferencia impartida en el ciclo «Cultura con M de matemáticas, Bizkaia Bilbao Arte eta Kultura». Bilbao, 05-07-12. En línea: goo.gl/prXRcI

[17] SORANDO, José María: «*Matemáticas y deportes. Sugerencias para el aula*». Revista Números 80, pp. 197 a 220. Julio 2012. Sociedad Canaria «Isaac Newton» de Profesores de Matemáticas. En línea: goo.gl/2xEPql

[18] APM El Foro de los Puertos de Montaña. 14-05-2009. En línea: goo.gl/2o33Wj

[19] ALSINA, Claudi: *Elogio de las escaleras.* Revista Suma 47, pp. 79 a 81. Federación Española de Sociedades de Profesores de Matemáticas. Noviembre 2004. En línea: goo.gl/biSESx

[20] ALSINA, Claudi: *Los asesinos matemáticos atacan de nuevo.* Ariel. Barcelona. 2012.

[21] SORANDO, José María: *Homenajes a la ciencia en Zaragoza.* Revista ConCiencias 9, pp. 6 a 25. Facultad de Ciencias de la Universidad de Zaragoza. Mayo 2012. En línea: goo.gl/xsdSoL

[22] CASINOS, X: *La insólita plaza pentadecagonal del Gótico.* La Vanguardia. 04-06-2016. En línea: goo.gl/VEUvgH

[23] SORANDO, José María: *Las ciudades geométricas.* Portal Divulgamat. Real Sociedad Matemática Española. Septiembre 2011. En línea: goo.gl/6HUOpC

[24] ALLEN PAULOS, John: *El hombre anumérico: analfabetismo matemático y sus consecuencias.* Tusquets. Barcelona. 1990.

[25] *10 balones de fútbol.* Revista Consumer – Eroski nº 123. Julio-agosto 2008.

[26] H.J. Marcela: *Jabulani: El terror en Sudáfrica 2010.* Blog *Física, Arroz y Frijoles.* Entrada de 25-06-2010. En línea: goo.gl/gVbvVD

[27] ROBINSON, Michael: *El penalti de Nash.* Informe Robinson. Canal Plus. Mayo 2014. En línea: goo.gl/OnxDh6

[28] REQUENA, Ángel: *Verificando varas sobre piedra.* Portal Divulgamat.

Centro virtual de divulgación de las matemáticas. Real Sociedad Matemática Española. Enero 2017. En línea: goo.gl/fOUE7t

[29] MANDELBROT, Benoît: *How Long Is the Coast of Britain? Statistical Self-Similarity and Fractional Dimension.* Revista *Science, New Series,* Vol. 156, No. 3775, pp. 636-638. 5-05-1967. En línea: https://goo.gl/PwYudv

[30] ÁLVAREZ, Elena. *Madrid, campos de fútbol y otras formas de medir el mundo.* eldiario.es 31-07-2017. En línea: https://goo.gl/X5n7w6

[31] COLEO: *De la supuesta equidistancia entre San Bartolomé de Ucero y los cabos de Creus y Finisterre.* Celtiberia.net 23-04-2006. En línea: https://goo.gl/y4s1U1

[32] CERVANTES, Miguel: *El ingenioso hidalgo Don Quijote de la Mancha.* Imprenta de Juan de la Cuesta. Madrid 1605-1615. En línea: https://goo.gl/rR9RvG

[33] SAVATER, Fernando: *El valor de Educar.* Ariel. Barcelona. 1997.

[34] GALLOTTI, R, PORTER, M y BARTHELEMY, M: *Lost in transportation: Information measures and cognitive limits in multilayer navigation.* Science Advances. Vol 2, nº 2, e1500445. 19-02-2016. En línea: https://goo.gl/bZmcN4

[35] *World Population Prospects. Key findings & advance tables. 2015 Revision.* United Nations. New York. 2015. En línea: https://goo.gl/r83bbe

[36] *Gestión de sistemas de bicicleta pública.* Matematicalia. Revista de divulgación matemática. 01-03-2010. En línea: https://goo.gl/4Gk2JE

[37] LAPORTE, G; MESA, J.A; ORTEGA, F.A; y POZO, M.A: *Locating a metro line in a historical city centre: application to Sevilla.* Journal of the Operational Research Society (octubre 2009) vol. 60, pp. 1462-1466. Palgrave MacMillan. En línea: https://goo.gl/3ABzix

[38] REQUENA, Ángel: Blog *Turismo matemático.* En línea: https://mateturismo.wordpress.com/